U0155377

空间技术应用与实践系列丛书

小卫星数据与电源综合管理架构

A Combined Data and Power Management Infrastructure For Small Satellites

［德］　延斯·艾克霍夫（Jens Eickhoff）著

张龙龙　王立民　庞宗强　辛明瑞
李海津　李胜利　张玉才　司立宏　译

孙晨华　李　晨　审校

机械工业出版社
CHINA MACHINE PRESS

本书介绍了德国斯图加特大学空间系统研究所提出的小卫星数据与电源综合管理架构,以此建立了高可靠、低成本的星载计算机和电源管理与配电单元技术方案,并形成了具有代表性的120kg级卫星平台"FLP卫星"。本书主要内容包括系统总体设计、星载计算机处理器板、I/O板、CCSDS解码器/编码器板、星载计算机电源板、星载计算机内部线束、星载计算机结构和热设计、电源管理与配电单元、CDPI系统测试、FLP卫星设计,以及设备附件和数据表。

本书适合从事航天器研制工作的工程技术人员和管理人员阅读和参考,也可作为航空航天专业、电气工程专业和计算机专业高年级本科生和研究生的参考资料。

Translation from the English language edition:
A Combined Data and Power Management Infrastructure For Small Satellites
edited by Jens Eickhoff
Copyright © Springer-Verlag Berlin Heidelberg 2013
Springer is part of Springer Science+Business Media
All Rights Reserved
北京市版权局著作权合同登记 图字:01-2016-4306号。

图书在版编目(CIP)数据

小卫星数据与电源综合管理架构/(德)延斯·艾克霍夫著;张龙龙等译. —北京:机械工业出版社,2023.5
(空间技术应用与实践系列丛书)
书名原文:A Combined Data and Power Management Infrastructure For Small Satellites
ISBN 978-7-111-72708-8

Ⅰ.①小… Ⅱ.①延… ②张… Ⅲ.①小型卫星-数据处理-研究 Ⅳ.①V474.1

中国国家版本馆CIP数据核字(2023)第036028号

机械工业出版社(北京市百万庄大街22号 邮政编码100037)
策划编辑:付承桂   责任编辑:闫洪庆
责任校对:张亚楠 梁 静 封面设计:马精明
责任印制:单爱军
北京虎彩文化传播有限公司印刷
2023年4月第1版第1次印刷
169mm×239mm·15.5印张·4插页·289千字
标准书号:ISBN 978-7-111-72708-8
定价:139.00元

电话服务   网络服务
客服电话:010-88361066   机 工 官 网:www.cmpbook.com
        010-88379833   机 工 官 博:weibo.com/cmp1952
        010-68326294   金 书 网:www.golden-book.com
封底无防伪标均为盗版 机工教育服务网:www.cmpedu.com

推荐序

　　星载计算机和电源控制器是卫星中的两个关键单机，分别承担星载数据管理和能源管理的功能，其可靠性和集成度直接决定卫星的整体性能。德国斯图加特大学空间系统研究所 Jens Eickhoff 教授及其团队提出了数据与电源综合管理架构，并将传统星载计算机和电源控制器实现了功能集成，在保证可靠性的同时提高了功率密度，于 2017 年完成了首飞验证，以此建立了 FLP 卫星平台及 FLP2 卫星平台。该卫星平台技术理念和设计思路对于我国小卫星的研发具有重要借鉴意义。

　　张龙龙等人多年从事微小卫星的工程研制和新技术新概念的研发工作，在紧张的型号任务间隙，坚持本书的引进和翻译，终于形成本书译稿，衷心祝贺本书成功出版。希望空间电源界同仁能够从本书中获得裨益，将新的技术理念和设计思路引入到未来的航天器型号研制中，共同为航天器性能的提升贡献力量。

　　谨撰短文，乐为之序。

航天东方红卫星有限公司专业总师

2022 年 12 月

译者序

　　德国斯图加特大学是德国 TU9 大学之一，其空间系统研究所（IRS）在航天领域具有丰富的专业知识和教学经验，2009 年、2015 年和 2022 年先后为欧洲航天局（ESA）宇航员提供专业培训。

　　作为德国斯图加特大学空间系统研究所的知名教授，Jens Eickhoff 教授联合航天产业界和学术界组成产学研联合攻关团队，提出了数据与电源综合管理架构（即航天器综合电子技术），建立了高可靠、低成本的星载计算机和电源管理与配电单元技术方案，并以此形成具有代表性的 120kg 级卫星平台"飞行的笔记本电脑（Flying Laptop，本书简称 FLP 卫星）"，2017 年完成首飞验证（见图 1），现已发展至第二代 FLP2 卫星平台并将用于泰国太空计划项目中。

图 1　FLP 卫星外观图（©斯图加特大学 IRS）

　　围绕 FLP 卫星项目，Jens Eickhoff 教授著述颇丰，先后出版《航天器系统仿真》（*Simulating Spacecraft Systems*）、《星载计算机、星务软件及卫星运行》（*Onboard Computers，Onboard Software and Satellite Operations*）、《FLP 微

小卫星平台》（*The FLP Microsatellite Platform*）等著作，本书是国内外第一部介绍高可靠、低成本数据与电源综合管理架构的著作。

本书外文专著出版以来，译者多次与机械工业出版社电工电子分社付承桂社长讨论引进出版事宜，受多方面因素影响，历经 7 年终成定稿。即将付梓之际，特别感谢付承桂社长的督促和辛苦付出。恰逢商业航天事业如火如荼，衷心希望本书的出版能够为中国的航天事业发展贡献一份力量。

本书翻译过程中，王立民、庞宗强、李胜利翻译了第 1~3 章，辛明瑞、张玉才、李海津翻译了第 5、7、9 章，司立宏翻译了第 6 章，张龙龙翻译了其余内容。全书由张龙龙、辛明瑞负责统稿，孙晨华、李晨负责审校。翻译过程中，研究生郑菲玲、李海宁、姬诗雨、赵晓静提供了较大的帮助，在此一并致谢。

本书专业性比较强，原书部分图片和文字采用德语，加之经验不足，译文难免存在不妥之处，敬请读者谅解，并提出宝贵意见与建议。

译者
2022 年 12 月

原书序

创新是技术成功的关键。处于技术前沿的空间工程领域，创新的作用尤为重要。因此，航天工业部门不断支持创新开发，突破技术瓶颈或放弃经典设计路径。但是，在商业卫星计划、机构资助的系统（如运行中的地球观测任务）或导航星座项目中，直接实施这种创新方法尤其困难。

"创新验证"任务的理想平台是政府或学术技术演示项目。这些演示项目可以在保证尽可能低成本支出的同时，完成新技术和新卫星架构的快速原型化设计。

工业部门和学术机构之间的技术合作受到广泛关注和推荐。但是，对于本书中所述的数据与电源综合管理架构（CDPI）这一前沿领域的合作，对于学术界和航天工业界来说极为少见，因为这需要学术界和航天工业界的大量专业知识。

然而，这种合作一旦建立，对学术界和航天工业界来说均具有较强的竞争优势。对于航天工业界来说，这一优势是双重的：在获得新型航天技术的同时，所培养学生的知识水平远远高于普通毕业生的正常标准。

对于 Astrium 而言，斯图加特大学在过去十年中已成为一个战略技术合作伙伴，因为在其所在地设立了广泛的小卫星项目。这些项目以及位于巴登-符腾堡州劳姆法赫岑特姆的空间系统研究所具有的最先进设施，远远超出了普通大学的 CubeSat 项目范畴。例如，FLP 卫星将在德国首次对大学卫星上的工业级飞行件进行在轨鉴定试验。

为此，Astrium 通过直接赞助和提供人力，对本次 SmallSat 项目，特别是该 CDPI 的开发进行了大量投资。其他合作单位 Aeroflex、4Link、Aeroflex Gaisler、Vectronic Aerospace 和 HEMA Kabeltechnik 与 Astrium 建立了长期紧密合作，也为其子系统的开发投入了大量精力，并以较低的成本提供了软件/

硬件平台。

对于德国航空航天中心来说，这一发展是航天工业界和学术界成功合作的示范，也是洲际合作的示范。该技术产品的开发周期为 3.5 年，与航天工业界研制周期相当。由经验丰富的行业专家担任团队领导者，并由子系统的行业供应商和博士生组成的整体项目研制团队，涵盖项目研究、CDPI 产品测试和卫星集成多个方面，经实践证明这一模式是正确的。

本书的独特之处在于，它非常详细地介绍了航天工业界与学术界合作开发小卫星的成功模式，这些小卫星具有先进的性能。可以设想，与欧洲、北美洲和亚洲的创新中心合作开发小卫星的全球趋势即将开始，其他国家也将在不久的将来加入，共同推动小卫星技术的进步。

德国慕尼黑 Astrium 有限公司埃弗特·杜多克经理
德国斯图加特大学空间系统研究所汉斯·皮特·罗瑟博士，教授
德国航空航天中心（德国科隆）约翰·迪特里希·沃纳博士，教授
美国麻省理工学院航空航天系奥利维尔·德·韦克博士，教授

原书前言

本书中描述的数据与电源综合管理架构（CDPI）实现了星载计算机和电源控制单元的功能集成，是在德国斯图加特大学的小卫星计划研究框架内开发的。

2009 年，FLP 卫星（也称为"飞行的笔记本电脑"）星载计算机的需求日益迫切。它必须满足 130kg FLP 卫星所遵循的严格性能、质量、体积和功耗限制，具有全功能姿态控制系统（ACS）、多种有效载荷以及完全符合空间数据系统协商委员会（CCSDS）遥控和遥测标准。

因此，作为一名高级工程师，我的首要任务之一是确定星载计算机的基本功能要求：

- 具有较强的空间辐射防护能力。
- 对于 FLP 卫星平台来说足够紧凑（60cm×70cm×80cm 的立方体）。
- 功能强大，足以运行实时操作系统。
- 适合支持基于 CCSDS 的专业卫星运营。
- 功耗有限。

为适应空间辐射环境应用需求，消费电子元器件不在星载计算机设计选型范围内。传统的宇航级星载计算机设备在尺寸、质量以及成本方面均不占优势，唯一现实的选择是从航天工业界寻找具有不同领域的专家构成产学研联合体，分别提供星载计算机组件，最终形成一个完整的、具有冗余架构的星载计算机产品。因此，本项目可以定义为一个"类似乐高"完全模块化的设计任务，允许将星载计算机任务分包给产学研联合体合作伙伴。第 1 章简要介绍了所实现的设计方案。

为适应星载计算机系统在潜在硬件故障容错能力和处理不同类型的外部模拟和数字接口方面的需求，将星载计算机和卫星的电源管理与配电单元（PCDU）之间的功能进行合并，从而形成创新的设计，即所谓的 CDPI。

在卫星飞行件开发结束时，产学研联合体决定提供开发的 CDPI 的技术概述文档，并以技术手册和用户指南的混合形式提供给其他大学生。本书也可能会引起其他大学或航天工业界合作单位的兴趣，未来将在斯图加特大学重建或改造 CDPI，甚至整个卫星平台，以完成他们的任务。

延斯·艾克霍夫博士，教授

原书致谢

感谢多方面的支持，集成星载计算机、电源管理与配电单元（PCDU）故障检测、隔离和恢复功能的全新、超紧凑型星载计算机得以顺利问世。

首先，我代表斯图加特大学空间系统研究所感谢德国 Astrium 有限公司经理埃弗特·杜多克提供了飞行件处理器板的研发资金，并感谢他们在 2011 年"巴登-符腾堡州劳姆法赫岑特姆"（Raumfahrtzentrum Baden-Württemberg）落成典礼上对研究所的捐赠。同时，我还非常感谢 Astrium 有限公司在弗里德里希沙芬的现场总监艾卡德·赛特尔梅耶以及我的部门和部门负责人约格·弗莱明和沃尔克·狄巴斯，除了我在 Astrim 的其他任务外，他们还参与了本项目的指导活动。

其次，作为整体系统设计师，我非常感谢图加特大学空间系统研究所所长汉斯·皮特·罗瑟，他给了我足够的空间来完善整体系统架构，找到联合体合作单位并与他们进行谈判，并在单元和系统层面详细阐述和最终验证设计。同时，他提供了所有研究所采购部件的资金。

特别感谢加入本项目的行业合作单位，美国科罗拉多州 Aeroflex Springs 公司、瑞典 Aeroflex Gaisler AB 公司、英国 4Links 有限公司、Vectronic Aerospace 公司和德国 HEMA Kabeltechnik 公司。一个大学项目得到全球工业参与者如此密集的支持是史无前例的。

2009 年，我刚刚担任 FLP 卫星的工程总师，却两手空空地站在那里，缺乏一个令人信服的星载计算机卫星解决方案。我的第一个想法是升级一种/一类 Aeroflex Gaisler 开发板。我在 2009 年的 DASIA 会议上联系了 Jiri Gaisler，并在此向他表示感谢，感谢他将我的问题转交给美国 Aeroflex 公司。他们当时正在开发基于 LEON3FT 芯片 UT699 的单板计算机。从这一最初的接触中，斯图加特大学与 Aeroflex 之间展开了富有成效的合作。

关于星载计算机的开发，感谢 Aeroflex 及其德国分销商 Protec 有限公司（慕尼黑）指导我们完成 CPU 板作为 ITAR 产品的采购。Aeroflex 帮助我们填写了所有相关表格，并解释了 ITAR 中有关装运和发布规则的"注意事项"。处理器板是根据技术援助协议 TA-6151-10 提供的。作者团队还要感谢 Aeroflex 管理层，特别是 Tony Jordan 授予其首席开发人员 Sam Stratton 参与本书的许可，并审查了 Aeroflex 关于 ITAR 合规性的章节。

对于本书的出版，作者团队感谢斯特里特·布鲁纳夫人和克里斯托夫·鲍曼博士以及 Springer 出版团队的帮助。

最后，作为 CDPI 的项目经理，衷心感谢由博士组成的 FLP 卫星联合攻关团队。

延斯·艾克霍夫博士，教授

目 录

第 1 章　系统总体设计

Jens Eickhoff

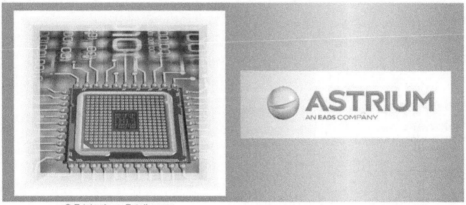

© Edelweiss – Fotolia.com

1.1　引言

本书介绍的小卫星数据与电源综合管理架构（CDPI），将传统星载计算机（OBC）、电源管理与配电单元（PCDU）的功能实现了系统集成。在介绍系统详细设计方案之前，需简要介绍其发展背景，以评估整个系统的功能、性能和卫星任务的可行性。

小卫星 CDPI 的开发背景是斯图加特大学的 SmallSat 卫星项目，该项目预见了多项空间任务的发展，其第一个任务是一颗重达 130kg、配备不同有效载荷的地球观测微小卫星。关于这次任务和卫星设计的更多细节将在第 10 章介绍。在卫星研制期间，首先需要解决的问题是采用哪种类型的 OBC 来控制整个航天器系统。

作者接到 SmallSat 卫星设计任务后，基于已有卫星项目的研制经验，决定摒弃传统基于 FPGA 的 OBC 架构。因为该架构无法运行操作系统，也无法进行星载软件（OBSW）的故障检测、隔离和恢复（FDIR）程序上注。

设计过程中，模块化 OBC 概念的出现促成了 OBC 和 PCDU 在功能上的集成，更多细节将在本章后续几节中进行介绍。设计之初，OBC 和 PCDU 均未经过航天局和航天工业公司的飞行验证，但根据研制进度要求必须与 SmallSat 卫星项目并行开发。在保证技术方案正确的同时确保研制进度是整个团队面临的一个巨大挑战。

SmallSat 卫星研制团队没有简单地采纳其他大学卫星的解决方案，也没有直接采用航天工业公司已有的 OBC 和 PCDU 解决方案。基于以下考虑：

- 航天工业公司已有 OBC 体积和重量都太大、功耗高，无法满足 SmallSat 卫星的轻小型化和低功耗的设计需求。
- SmallSat 卫星应该遵循行业标准的 CCSDS/PUS 协议，而该协议将大多数大学项目的 OBC 方案排除在外。
- OBC 设计应能反映最先进的技术水平——通信数据协议（如 SpaceWire）和星务管理专用实时操作系统（RTOS）。此外，OBC 还需要足够的抗辐射能力，这一要求将所有低成本的方案排除在外。

针对该项目需求，作者与航天领域顶尖的合作单位组建了一个联盟，所有参与者都致力于寻求全新的轻小型化和低功耗小卫星数据与电源综合管理架构设计方案。

本章对该系统总体设计和项目研制方面的问题进行了简要介绍，后续章节将专门介绍各组件功能和性能，由航天领域研发团队开发人员编著完成。

1.2　OBC 的设计基线

许多成熟应用方案可以作为本项目的设计基线。首先从 OBC 开始介绍，设计方案包括（见图 1.1）：

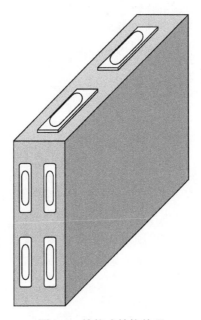

图 1.1　堆栈式结构外观

- OBC 模块采用多个印制电路板（PCB）组成的堆栈式结构形式，每个 PCB 按照同一种尺寸设计，安装在含涂层处理的铝合金框架中。
- 与航天器其他设备相连的 OBC 输入/输出接口均通过各 PCB 顶部连接器进行连接，所有的 PCB 之间的信号通过前面板连接器互连。

整机结构设计（见图 1.2）中沿用上述设计方案，通过前面板将板间电缆封装在 OBC 前面板隔舱内。

PCB 之间互连通常由一块单独的 PCB 背板来实现。但是，在 OBC 组件功能需求定义及与各组件制造商的项目启动时，微处理器板 JTAG 调试接口和服务接口等前端互连接口定义尚未确定，这种基于布线的板间互连的设计方式，允许 OBC 各 PCB 可以完全自主设计和生产。

- 基于封闭式堆栈结构形式的 OBC 设计方案显著缓解了各 PCB 之间 EMC 相互干扰的问题。这一点特别重要，因为在大学里将各交付板卡组成 OBC 整机后，没有足够经验来解决 EMC 干扰的问题。前面板隔舱采用专用金属隔板实现

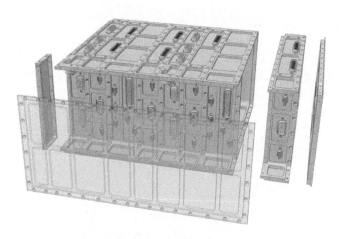

图 1.2　OBC 堆栈式结构 CAD 模型（©斯图加特大学 IRS）

低导通电阻密封，从而避免 OBC 的高速数据接口受到外部 EMC 干扰的影响。

- OBC 的热设计方案是将 OBC 安装在卫星散热板底部，将其热量传导至该散热板，但是该方案可能出现 OBC 在关机状态下工作温度过低的风险。因此，在每个二次 OBC 结构框架之间的金属隔板上安装加热器垫，加热器由前面板隔舱中的双金属温控器进行控制，确保工作温度满足 OBC 使用要求。

- OBC 所有子单元采用单冗余设计方案，每种板卡在两种情况下都可用，并且板卡之间的所有数据接口都是交叉耦合的。

- OBC 第 1 种板卡是电源板，为各独立板卡提供 3.3V 电源，其输入接口与 PCDU 的 24V 母线相连。同时，将处理器板中的 SIF、JTAG-I/F、1Hz GPS 秒脉冲（PPS）输入和星敏感器 PPS 输出等接口由设备外部电连接器与星表插头相连。

- OBC 第 2 种板卡是处理器板（即单板计算机（SBC）），除 CPU 外，还包括用于引导加载程序、运行操作系统和 OBSW 引导映像的非易失性存储器，以及用于运行 OBSW 的 RAM。用于星务管理数据、航天器状态向量和航天器配置向量的数据存储可在 I/O 板卡上实现。

- OBC 第 3 种板卡是 I/O 板，I/O 板通过 SpaceWire 总线接口与处理器板连接，其主要功能是实现与星载设备的所有低速数字信号的互连。因此，所有提供 UART、I^2C 以及其他低速接口类型的单元模块都连接到 I/O 板上，处理器板可以通过其 SpaceWire 总线接口访问它们的数据。

I/O 板采用具有一定抗辐照能力的 FPGA 进行设计，其 IP 内核可通过处理器板的 SpaceWire 总线进行访问，各种类型数字 I/O 接口通过相应的驱动芯片与航天器设备相连。

这种方案需要在板上额外配置缓冲器和存储芯片，并通过相应的增强型 IP 内核处理星务管理数据、航天器状态向量和航天器配置向量。

• OBC 第 4 种板卡是 CCSDS 协议解码器/编码器板，通过 SpaceWire 总线接口实现航天器的收发器单元与处理器板互连。在地面站可视期间，这些板卡执行上行链路远程遥控指令的低级别解码和下行链路遥测信息的低级别编码。

上述板卡采用与 I/O 板相同的 FPGA 和 PCB 尺寸，仅为 CCSDS 板配备有限数量的外部接口，包括收发器、PCDU 高优先级命令（HPC）和命令链路控制字（CLCW）交叉耦合接口（见 4.2.2 节）。显然，这些 CCSDS 板由于执行完全不同的任务，需要采用不同的加载 IP 内核。

这些在 CCSDS 板上 FPGA 中运行的 IP 内核、在嵌入式 RTOS 裁剪中可用的软件库和处理器板上运行的软件库都是在通用架构中设计的。

当查看上面提到的设计方案时，熟悉经典 OBC 设计的读者很快能够发现上述板卡中尚未涵盖 OBC 某些基本功能。这些功能是通过 OBC 和 PCDU 的功能合并来实现的，将在以下几节中进行详细介绍。

1.3　作为模拟远程接口单元的 PCDU

已经开始的 OBC 研制中，柏林 Vectronic Aerospace 的 PCDU，被预选用于卫星功率母线管理。该系列的 PCDU 配备了相对高性能的微控制器，具有电流和电压模拟量的测量功能，以及具有向 OBC 应答的 TM 协议功能，更多细节将在第 8 章进行介绍。

因此，作为经典 OBC 功能的第 1 部分，其任务是

• 模拟电流采集。
• 模拟电压采集。
• 模拟-数字信号转换。

对于模拟电源线和所有模拟传感器接口，例如热敏电阻读数，在 OBC/PCDU 协同设计中通过 PCDU 功能实现。因此，在 CDPI 中，PCDU 接管了这些任务，代替了经典 OBC 设计中的远程接口单元（RIU）。

1.4　通用系统重新配置控制器

在紧急情况下，整个卫星关于 FDIR 的系统重新配置功能是基于作者提出的一个概念，该概念由 Astrium Satellites 拥有专利[48]。为正确理解这个概念，在描述这个架构之前会给出一些解释。

OBC 和 PCDU 是卫星上控制和安全管理的两个关键组成部分。OBC 和 PCDU 内部的所有控制器和电子设备都至少以单一冗余备份实现（下文中在翻译和数字中引用的版本 A 和 B，来自参考文献 [48]）。此外，它们是交叉耦合的。在 OBC 内部例如处理模块 CPU A 可以通过总务 TM 大容量存储器 A 或 B 操作。标准设备通常是在发射时操作 A 侧的所有单元，并使用所有 B 配置进行安全模式切换。结构框图如图 1.3 所示。在真正的 OBC 中存在着不同类型的存储器（PROM、RAM、数据加密存储器等）。内部时钟、时钟分频器单元等也没有介绍，但是其设计理念相同。

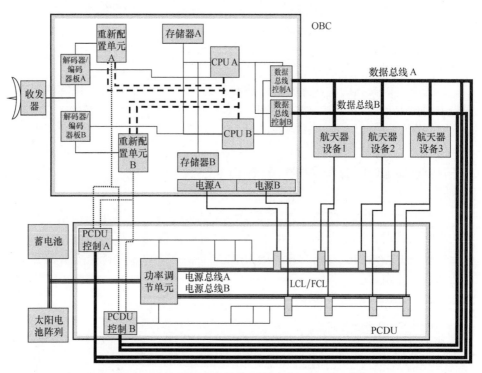

图 1.3 数据管理（OBC）和电源管理（PCDU）的传统架构[48]（© Astrium）

为了使航天器有效载荷（如图 1.3 中的"航天器设备 1"）投入运行，卫星通过其收发器接收来自地面的命令，经解码器/编码器单元（或板）解码，以命令包的形式发送到 CPU 上运行的 OBSW 进行处理。当载荷需要开机时，OBSW 通过数据总线命令当班 PCDU 控制器（A 或 B）控制闭合该路限流保护控制器（LCL），从而通过当班功率母线对有效载荷进行供电。然后，有效载荷本身可以通过 OBC 经由当班数据总线进行控制。来自有效载荷的遥测信息通过 OBC 传送到编码器进行编码，并通过收发器传送到地面。

1.4.1　故障处理期间的组件功能

了解解码器/编码器模块、CPU、重配置单元、PCDU 控制器等在故障处理中的作用是必要的，应评估四种具有代表性常发生的故障。在任何情况下重新配置数据处理和操作（DH/OPS）子系统或电源子系统，卫星的基本控制功能至少在有限的时间内被阻塞或不运行，这将降低航天器的姿态和功率控制。因此，除了以切换到冗余单元的形式进行故障处理外，FDIR 系统还必须确保非基本功率载荷（有效载荷、热消耗器）的关闭，并必须确保将卫星恢复到安全模式配置。这种 FDIR 管理的整个过程是通过硬件结合 OBSW 编码的方式实现的，该部分超出了本书的范围。这里只需要说明那些要在实际的 OBC 硬件中实现的功能，进一步阅读请见参考文献［10］。

1.4.1.1　故障类型 1：正在运行的 OBSW 中可识别的故障

这种类型的硬件故障的例子，如一个总线控制器偶尔不响应，需要 OBSW 重启，或者 OBSW 接收到大量内存误差探测与校正位错误消息的故障情况。在这种情况下，OBSW 可以将所谓的高优先级命令（HPC）发送到活动的 DH/OPS 和功率 FDIR 的重配置单元，然后触发对冗余 OBC 总线控制器的重新配置，或者在这种情况下触发整个 I/O 板。在其他错误的情况下，重配置单元可能会被迫切换到冗余的处理器板。在后一种情况下，OBSW 必须在目标处理器板上重新启动。

综上所述，在这些情况下，重新配置过程开始的触发由 OBSW 实现，通过重配置单元的功能实现冗余子单元通电、故障单元断电和潜在的中间步骤进行的数据转换。

1.4.1.2　故障类型 2：OBSW 的崩溃和自动重新配置

故障类型 2 涵盖了与 OBSW 崩溃相一致的所有错误。在这种情况下，处理器板外部的重配置单元必须首先要检测 OBSW 故障，然后必须执行重新配置。

在 OBSW 由于故障或 IC 单粒子翻转（SEU）而崩溃的简单情况下，必须由重配置单元重新启动 OBSW。故障检测通常通过处理器周期性地向重配置单元发送看门狗信号，后者在看门狗信号超时时启动 FDIR 动作。

重新配置活动从简单的处理器软重置到完成处理器板或 I/O 板冗余切换，这取决于重配置单元检测到的故障。看门狗和定时器的数量和类型显然必须设计得当，以使重配置单元能查明不同的错误类型。

这种带有故障 OBSW 的自动重新配置只适用于有限类型的故障情况，复杂因素的确定和根本原因的分析都需要进行地面干预。这将导致下一个故障类型。

综上所述，处理器板应配备到重配置单元的看门狗总线，以检测 OBSW 崩溃或 I/O 板信号路由故障，然后可用于 OBSW 重新启动或硬件重新配置——后者仅在非常有限的情况下。

1.4.1.3　故障类型 3：OBSW 的崩溃和地面的重新配置

如果软件崩溃、自动重新配置或 OBSW 重新启动不足以解决此问题，则必须从地面启动并执行重新配置。这通常从关闭非必需载荷的电源开始，然后继续停用可能有故障的单元，并激活可能仍然无故障的单元。

这些切换的所有地面命令都必须绕过 OBSW，因为它是不可操控的。因此，使用了一种特殊的高优先级命令（即所谓的第 1 类高优先级命令），它可以由 OBC 的 TC 解码器模块识别，并且不像普通命令那样连接到处理器板上的 OBSW。相反，这些高优先级命令被直接转发到重配置单元中的一个特定的子单元，即所谓的命令脉冲解码单元（CPDU），详情请见参考文献［10］。命令脉冲解码单元可以解码这类高优先级命令，并可以向 PCDU 发送脉冲命令，以根据目标单元的状态来触发限流保护控制器的开关。

这允许地面激活/停用星载设备而无需任何 OBSW 干预，以克服严重的故障情况。

1.4.1.4　故障类型 4：电源总线欠电压故障

最后一种故障类型是那些导致星上供电不足的故障。在这种情况下，不管什么根本原因，航天器设备都要分几个步骤关闭。第一个被禁用的单元是有效载荷和有效载荷数据大容量存储器单元。然后，如果 OBSW 无法管理这个问题，包括 OBC 在内的平台单元将被关闭。如果这些措施都不能解决这个问题，那么 PCDU 最终会也会自行失效。在这些情况下，一旦航天器电源总线再次提供足够的电压，PCDU 就配备了自动激活功能。例如卫星从地影区进入到光照区，随着供电能力的增加，PCDU 随后激活更多的航天器平台载荷。第一个单元是 OBC，各自在安全模式下的冗余 OBC（取决于重配置单元中的最新设置）。接着激活平台姿态轨道控制系统单元，通过激活收发器来实现航天器安全模式的姿态稳定控制并与潜在地面站建立联系。

在这些情况下，重新启动和配置由 PCDU 控制器激活，然后由 PCDU 控制器和重配置单元一起管理重启操作。

1.4.2　创新：针对所有 FDIR 功能的组合控制器

在一个经典的单元架构中，星上三个控制器实现了该功能，即 OBC 的重配置单元[10]和作为子单元的 OBC 的指令脉冲解码单元（CPDU）[10]以及 PCDU 的内部控制器 IC。这些功能通常不是采用 OBSW 来实现，而是利用纯电子电路或 FPGA 或 ASIC 实现。

这意味着航天器飞行的三个控制器需要高度可靠，因此需要在设计和测试方面做出相应的努力。专利[48]背后的基本思想是所有数据处理通过一个 FDIR 控制器实现，并支持重新配置 FDIR 和紧急功能。该专利称其为"组合控制器"。在这种情况下，不管组合控制器实际安装在 OBC 外壳或 PCDU 外壳中，甚至在两者的共同外壳中都是没有意义的（见图 1.4）。

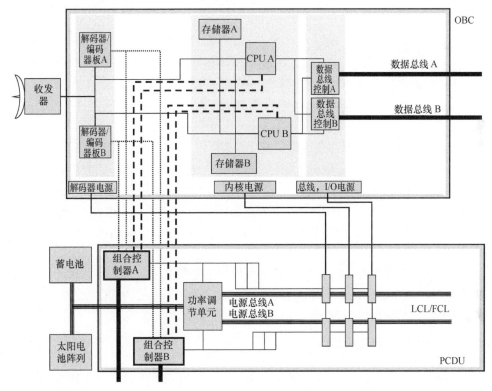

图 1.4　CDPI[48]　(© Astrium)

来自斯图加特大学的 FLP 卫星是第一个使用带通用控制器的 CDPI 架构卫星。在这个第一次的实现中，组合控制器硬件安装在 PCDU 外壳中，采用了 Vectronic Aerospace 具有增强的固件功能的 PCDU 控制器，由斯图加特大学 FLP 团队提出，并由 Vectronic Aerospace 实现。关于 PCDU 及其控制器功能的更多细节将在第 8 章中进行介绍。

在正常的操作情况下，OBSW 仍然可以控制 PCDU 控制器（即组合控制器）打开/关闭航天器设备的电源。为了避免出现过载，这些链路的路径已被切断（与图 1.3 相比）。这同样适用于图 1.3 省略的数据总线上的各种航天器设备。

现在，组合控制器通过对单个 OBC 子单元（例如 CPU）的软重置命令线路，或者通过有缺陷单元的电源关闭和组件冗余的电源打开，分别触发电源重置。

例如，组合控制器（在当前实现示例中的 PCDU 中）可以分别为每个 OBC 解码器/编码器板，每个带有 CPU、NVRAM、RAM、时钟模块的处理器板，以及每个 OBC 的 I/O 板供电。与经典架构相比，组合控制器和这些功能之间需要"额外"电缆，这暗含在图 1.3 所示的 OBC 重配置单元中，因此没有额外介绍。

1.4.3   组合控制器的故障处理

1）在故障类型 1 中，运行的 OBSW 通过 CPU 组合控制器链路触发在组合控制器中实现的重新配置功能，例如对 OBC 解码器/编码器单元的重新配置。

2）在故障类型 2 中，自动重新配置保持不变。它只是简单地通过组合控制器来执行，例如通过看门狗信号超时等来引发。这种来自 CPU 的看门狗或警报信号线连接到组合控制器。

3）在故障类型 3 中，必须通过来自地面的高优先级命令来执行重新配置，根据重新配置命令从解码器转到组合控制器，以便在组合控制器中执行重新配置命令。

4）在故障类型 4（电源故障，一次母线欠电压保护），卫星电源关闭和最终重新启动的方法如在经典架构中一样控制。只是以前在 PCDU 控制器中实现的功能现在位于组合控制器中。

1.4.4   组合控制器方式的优点

CDPI 设计采用一个通用控制器，而不是由 OBC 的重配置单元、指令脉冲解码单元和 PCDU 的内部控制器组成的三重设计，其优点如下：

1）只需要设计一个关键控制器芯片（FPGA 或 ASIC），也只需实现一个芯片固件。

2）只需要对一个控制器芯片进行集中测试。

3）经典 OBC 重配置单元与 PCDU 控制器的交互的复杂测试大大简化，有些特定的情况已经完全过时了。

4）对于 OBSW 设计，与经典架构相比，触发系统重新配置只需要最小的调整，因此在这个方面也不需要额外关注。

5）OBC CCSDS 解码器/编码器板架构也不涉及新的概念实现，除了它们的 I/O 布线。

6）模拟 CPDU 作为 OBC 重配置单元的子单元，在传统的架构中 OBC 需要向 PCDU 发送模拟信号脉冲指令，在新的概念中已经没有必要了。根据第 1 类高优先级命令（HPC），可以通过一个普通的数字链路从 OBC CCSDS 解码器直接连接到组合控制器。同样，根据模拟限流保护控制器控制电子侧 OBC 也不需要了。

这些简化大大降低了 OBC 和 PCDU 串联单元的制造和验证工作以及由此产生的成本，使得该架构对于低成本的任务特别有意义，Astrium 免费授权一个专利给 IRS 用于 FLP 卫星任务。

1.5　系统架构的完整性

尽管并非全部分配给经典电路板或组件，但是通过介绍的 CDPI 的整体系统设计方法，涵盖了所有必要的飞行相关功能（另见参考文献［10］）：

- OBC 电源→在 OBC 电源板上。
- OBC 处理器和内部数据总线→在 OBC 处理器板上。
- OBC 存储器（对于引导加载程序、操作系统和 OBSW 的非易失性）以及易失性的工作存储器→在 I/O 板上。
- OBC 数字 RIU 功能——将所有非 SpaceWire 数字设备 I/O 耦合到 OBC→在 I/O 板上。
- 航天器收发器解码 TC 和编码 TM 的接口→在 CCSDS 板上。
- OBC 模拟 RIU 功能——将所有模拟接口控制和模拟参数测量值耦合到 OBC→在 PCDU 中实现，并通过 OBC-PCDU UART 接口从 OBC 中进行命令/控制。
- OBC 重新配置功能→在通用控制器中实现。由具有增强固件的 PCDU 控制器实现。
- OBC HPC 接口功能去实现 OBC 的 CPDU 功能→在通用控制器固件中实现，并通过 OBC CCSDS 板其他 UART 接口访问。
- 总线电源管理功能→在 PCDU 通用控制器中实现。
- 设备电源切换和过电压/过电流保护→在 PCDU 通用控制器中实现。
- 电源总线欠电压 FDIR 功能（DNEL 功能）→在 PCDU 组合控制器中实现。

图 1.5 所示为包含所有外部 I/O，以及 OBC 和 PCDU 部分之间连接的 CDPI 示意图。设备内部交叉连接，如处理器板和 I/O 板之间的不包括在内，以免图形过度复杂。这同样适用于 OBC 和 PCDU 内的冗余元件的交叉耦合。所有这些都将在第 6 章进行更详细的介绍。

为 IRS FLP 卫星设计的 CDPI 完全遵循 1.2~1.4 节中解释的这些范例。下一节将进一步介绍单个 CDPI 组件（如处理器板）基线单元的选择过程。

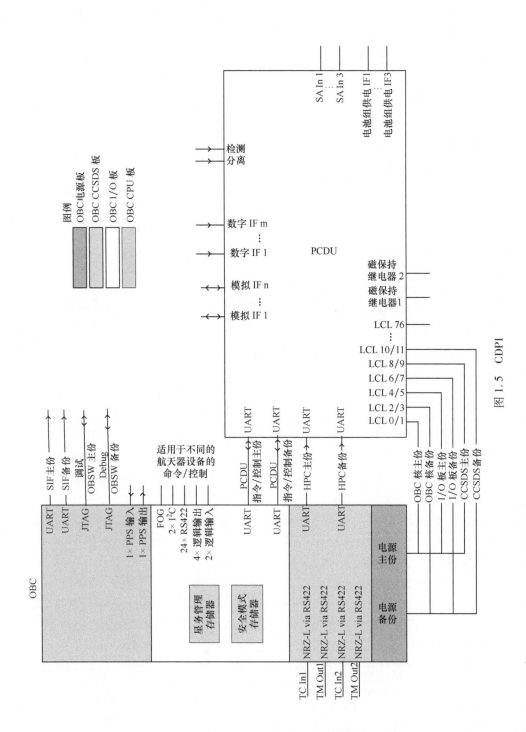

图 1.5 CDPI

1.6　组件选择

1.6.1　处理器板

在 FLP OBC 和 PCDU 的开发期间，最初的难题是为 OBC 的 CPU 板找到供货商。最初的想法是在 Aeroflex Gaisler AB 的各种 CPU 测试板基础上进行必要的修改——因为这些测试板不是为飞行硬件设计的（见图 1.6）。

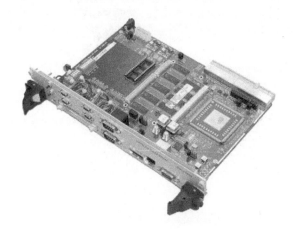

图 1.6　Aeroflex Gaisler 测试板（ⓒ Aeroflex Gaisler AB）

巧合的是作者在 2009 年 5 月的伊斯坦布尔航空航天数据系统会议上遇到了 Jiri Gaisler，他是 Gaisler Research（现在的 Aeroflex Gaisler AB）的创始人，Jiri Gaisler 了解到 Aeroflex Colorado Springs 刚刚开始开发了基于 LEON3FT 处理器 UT699 的 SBC。

LEON3FT（见参考文献〔49，50〕）体系结构包括以下外围部件（见图 1.7）：

- LEON3FT SPARC V8，具有 8KB 的指令缓存和 8KB 的数据缓存。
- IEEE754 浮点单元。
- 8/16/32 位存储控制器，具有用于外部 PROM 和 SRAM 的 EDAC 功能。
- 32 位 SDRAM 控制器，具有用于外部 SDRAM 的 EDAC 功能。
- 16 位通用 I/O 端口（GPIO）。
- 定时器/看门狗单元。
- 中断控制器。
- 具有 UART 和 JTAG 调试接口的调试支持单元。
- 具有 RMAP 的 4 条 SpaceWire 链路。

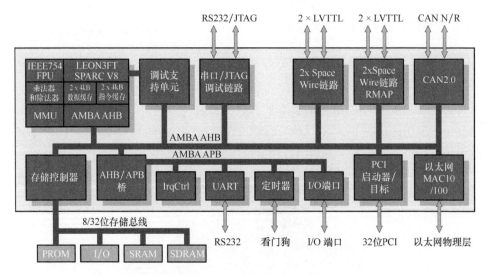

图 1.7　UT699 LEON3FT SBC 框图（© Aeroflex Gaisler AB）

- 2 个 CAN 控制器。
- 以太网。
- CPCI 接口。
- 具有 UART 和 JTAG 调试链路的调试支持单元。

需要特别指出的是，系统本身有处理器、CAN 总线、以太网、CPCI，特别是 SpaceWire 的接口控制器都在同一个芯片上实现。此外，该芯片还提供了一个调试接口，所有这些附加的芯片元件都通过一个内部的 AMBA 总线连接到 CPU 内核，该总线最初是由 ARM 有限公司为 ARM 处理器系列开发的。

图 1.8 描述了当时设计的整体处理器板的框图。该系统的设计包括：

- 处理器。
- 用于 OBSW 计算的 SRAM。
- 非易失性 RAM（NVRAM），可用作存储初始引导 OBSW 映像的 EEPROM。
- SBC 的概念包括 SpaceWire 接口，以连接其他可预见的 OBC 板类型，并且它包括 RS422 接口和一个时钟模块。

所有这些功能都设计在一个 3U 大小的 PCB 上。

斯图加特大学的卫星项目已提交给 Aeroflex，他们的一个团队和他们的德国经销商慕尼黑 Protec GmbH 访问了这所大学，Aeroflex 最终决定支持该大学的项目，并作为处理器板的供应商。

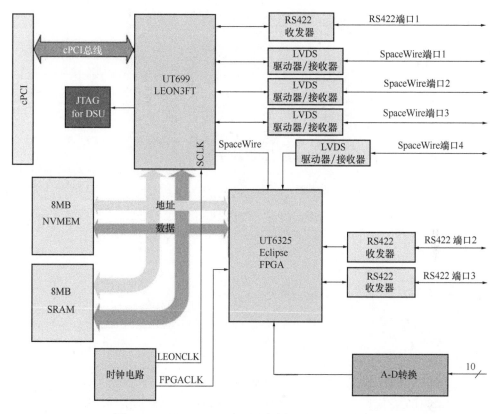

图 1.8　UT699 LEON3FT SBC 框图 (© Aeroflex Inc.)

处理器板开发作为一个标准的商业项目未处理，包括需求审查、设计审查、制造审查、测试审查和装运审查——同样适用于初始电性件（见图 1.9）和后来的两个飞行件（见图 2.1）。

得益于 Aeroflex 和他们的德国经销商慕尼黑 Protec GmbH 的指导，我们通过采购 CPU 板的形式作为 ITAR 产品。

与图 1.8 中引用 Aeroflex 的初始设计图相比，处理器板设计在整个项目后期进行了修改，修改后具有 4 个 SpaceWire 接口，无论是 OBSW 的访问，还是用于提供服务接口（SIF）、OBSW 加载和调试接口、外部的 PPS 信号输入和处理器板生成的 PPS 输出，这些接口都完全一致。最终设计方案的细节参见第 2 章和图 2.5。

由于 ITAR 的原因，Aeroflex Colorado Springs 不允许为处理器板提供任何引导加载程序或软件/RTOS，解决方案是与瑞典 Aeroflex Gaisler AB 公司合作，在 LEON3FT 处理器上运行他们的 RTEMS SPARC 裁剪版本。

图 1.9   安装在测试机架中带有 JTAG 和 OBSW
加载适配器的 OBC 处理器板电性件[7,87]
（©斯图加特大学 IRS）

1.6.2   CCSDS 解码器/编码器

在卫星地面指挥/控制方面，斯图加特大学获得 ESOC 许可使用 SCOS 系统，其遵循 CCSDS 航天器 TC/TM 控制标准[23]。因此，根据这些标准，TC/TM 解码器/编码器功能是必要的。由于已经与 Aeroflex Gaisler 接触，解码器/编码器板选择采用 Aeroflex Gaisler 的 CCSDS TC/TM 处理基础架构（见参考文献［62］）。对于开发卫星的学生来说，这避免了为实现这些复杂的帧管理、压缩和位数据流纠错函数（见参考文献［10］）的相关功能而编程投入的大量精力，这些精力肯定会超出团队的能力。

• CCSDS 远程指令解码器在硬件上实现了同步、信道编码子层和部分物理层。更高的层作为软件库实现，集成到 Aeroflex Gaisler SPARC V8 使其适应 RTEMS 实时操作系统。这种更高层次的软件实现允许实现灵活性和适应未来的标准增强。硬件解码命令输出和脉冲不需要软件，因此可以用于关键操作。CCSDS 远程指令解码器提供了从接收器端远程指令模式非归零电平 CLTU 层重组 TC 的全部功能。它识别连接 PCDU 的组合控制器的硬件命令。这里选择的特殊实现不是基于通过 MAP-ID 标记高优先级命令，而是通过专用虚拟通道。在所提出的 CDPI 方案中，硬件命令将通过 RS422 接口连接到配电单元，并且 CPDU 功能被 PCDU 的组合控制器完全覆盖。

• CCSDS/ECSS 遥测编码器完全在硬件中实现协议子层、同步和信道编码子层（如 Reed-Solomon 和卷积编码）以及一部分物理层。同样在这里，更高的层作为软件库实现，集成到 Aeroflex Gaisler 为 SPARC V8 定制的 RTEMS 实时操作系统中。因此，CCSDS IP 内核提供了从虚拟通道层到 CADU（信道访问数据单元）的 TM 封装，并移交给发射机下行链路。

上述解码器和编码器功能的"硬件内"功能在 IP 内核中实现，以加载到 OBC 的相应解码器/编码器板或简称 CCSDS 板的 FPGA 中。Aeroflex Gaisler AB 的 RTEMS 中也提供了相应的软件库。有关整个 CCSDS 解码器/编码器架构的更多详细信息（包括软件内和硬件内实现部分的解释）详见第 4 章，这还包括与解码器/编码器接口的 SpaceWire RMAP 协议。图 4.1 所示为包含"软件内"和"硬件内"两层的整个架构的框图。

在整个 CDPI 电性件测试台组装中，采用标准 Aeroflex Gaisler/Pender-Electronics 测试板形式的原理样机模型与输入侧的航天器收发器旁路配合使用来验证 IP 内核功能，处理器板和 PCDU 组合控制器分别位于输出端（见图 1.10）。

图 1.10 CCSDS 解码器/编码器——原理样机组件
(© Aeroflex Gaisler AB)

FLP 卫星的 TC 和 TM 数据包定义如图 1.11 和图 1.12 所示。

1.6.3 I/O 板和 CCSDS 板

处理器板与航天器平台和有效载荷设备之间的桥接通过中间 I/O 板实现（见图 1.13）。这些 I/O 板模拟了商业测控系统中的远程接口单元（RIU）的数字接口功能。I/O 板通过运行 RMAP 协议的 SpaceWire 连接到处理器板。两个冗余 I/O 板可用，并与两个冗余处理器板交叉耦合。为 I/O 板的开发，斯图加特大学选择了英国的 4Links 作为合作单位，因为他们在 SpaceWire 设备和软件方面有非常丰富的经验。选择他们的另一个原因是作者有丰富的使用 4Links SpaceWire 地面测试设备的经验。

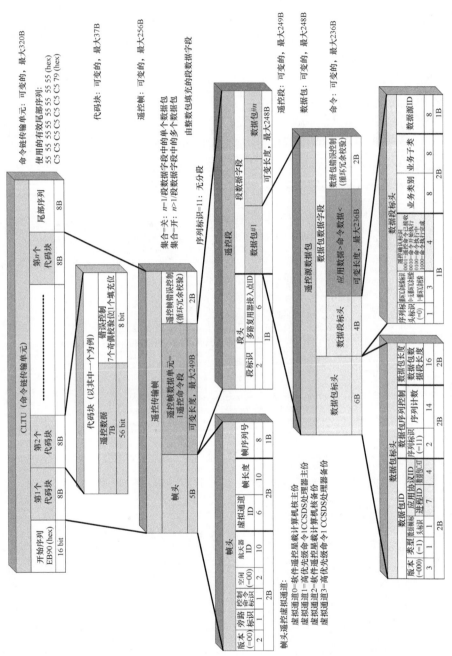

图 1.11 遥控数据包定义（©斯图加特大学 IRS，模板© Astrium）

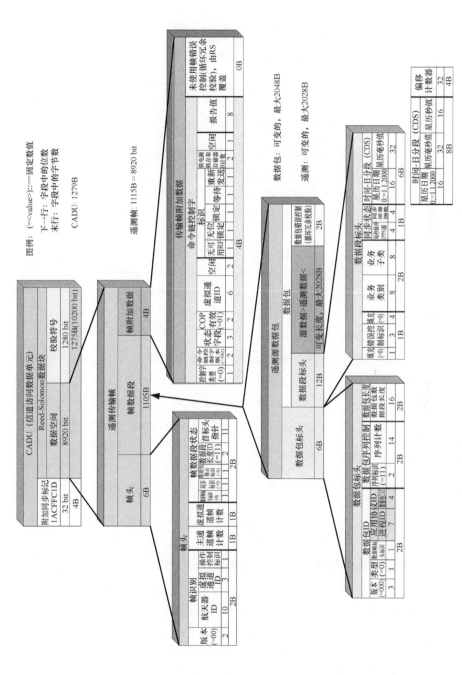

图 1.12 遥测数据包定义（©斯图加特大学 IRS，模板© Astrium）

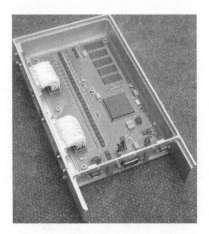

图 1.13　I/O 板电性件（ⓒ 4Links Ltd）

I/O 板 SpaceWire 和总线接口之间的 I/O 线功能、数据路由已经在 Microsemi/Actel A3PE3000L FPGA 上作为 IP 内核实现。对 FPGA 上的所有门应用三模冗余（TMR），使得 OBC 的这一部分具有足够的耐辐射能力，与其他大学项目相比，这是 FLP 卫星的一个突出标准。

CCSDS 板的思路是使用与 I/O 板相同的设计，只是使用更少的接口：

- CCSDS 板与处理器板的耦合通过 SpaceWire 链路完成。
- 在 CCSDS 板的收发器端上的接口选择 RS422。
- 高优先级命令与 PCDU 组合控制器的接口也被设计为 RS422 类型。
- 最后，上面提到的 CCSDS IP 内核被加载在与 I/O 板相同类型的 FPGA 上。

通过这种方法，CCSDS 板不需要任何额外的工作就可以实现，只要使用相同的外壳、FPGA、PCB、连接器等，就像"没有完全配备"的 I/O 板具有不同的 IP 内核一样。

1.6.4　OBC 电源板

对于电源板，稍后将在第 5 章中进行更详细的描述。电气工程团队从一开始就决定在 IRS 制造这些产品。这些电源板的主要任务是将 24V 的卫星一次母线电压转换为不同的 OBC 数据处理板所需的电压——标称电压为 3.3V（见图 1.14）。

在设计发展过程中，除了将一些可用的 OBC 内部信号（例如处理器板的前端连接器上）路由到整体外壳组件的顶部外，电源板也进行了一些调整，请分别参考图 1.1 和图 1.2。

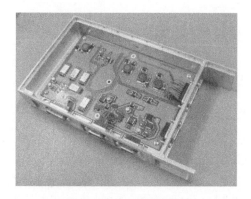

图 1.14　电源板电性件（©斯图加特大学 IRS）

此外，还设置了一个逻辑电路，将来自多个冗余 GPS 的主动脉冲信号作为一条单一输出线发送到处理器板。

1.6.5　增强功能的 PCDU

正如在 1.3 节中已经提到的，卫星任务的 PCDU 供应商已经在整个 CDPI 设计开始时选定，但是引用的功能用于

- 所有模拟设备的指挥和控制。
- OBC 重新配置。
- 对于高优先级命令接口功能，它可以实现 OBC 的指令脉冲解码功能。

根据在 1.4 节中解释的 CDPI 概念，在向供应商进行工程设计的过程中，所有从标准 PCDU 控制器到组合控制器的 PCDU 功能升级都由 Vectronic Aerospace 更新到 PCDU 硬件板卡中。

这些功能和特性、冗余处理、交叉耦合等详细信息详见第 8 章。在整个电性件卫星测试台（STB）中，这些功能已经实现，相应的 PCDU 电性件如图 1.15 所示。

图 1.15　PCDU 电性件（©斯图加特大学 IRS/Vectronic Aerospace）

1. 7　在集成环境中测试 CDPI

整个 CDPI 电子设备随后在电性件卫星测试台（STB）上进行了测试，接着又在卫星 FlatSat 装置上进行了测试。由于对于电性件来说，这些单元日趋成熟，作为电性件的一部分，整个 STB 设置是非冗余设计的，这些单元与电源设备、调试设备、航天器模拟器一起安装在一个 19 英寸的机架中。这个 STB 基础设施与地面控制设备一起形成了一个合适的验证平台。

图 1.16 只能提供对整体基础设施的初步介绍（具体请见参考文献 [4，87]）。关于所应用的测试的细节、可用的测试基础设施等，在第 9 章中有更详细的介绍。

图 1.16　用于 OBC 电性件/EBB 集成测试的卫星测试台 （©斯图加特大学 IRS）

1. 8　飞行件组件

CDPI 的所有飞行件组件，即 OBC 板和 PCDU 都是在洁净室条件下制造的。这同样适用于从单个框架组装 OBC，以及将 OBC 和 PCDU 集成到整体 CDPI 中。这些步骤已由 IRS 在斯图加特大学的 "Raumfahrtzentrum Baden-Württemberg" 的洁净室中执行。图 1.17 描述了在 IRS 洁净室中的 FLP 卫星 CDPI 组件飞行件。这里的装配由 OBC 和 PCDU 两个独立的机箱组成，需要准备连接以下电缆：

- OBC 遥测输出线和远程通信输入线分别连接卫星收发器。
- 从 OBC 到 PCDU 的控制线，用于正常控制功率功能和控制 PCDU 的模拟 RIU 功能。
- OBC 看门狗总线到 PCDU 通用控制器。
- 高优先级命令总线用于 PCDU 通过 CCSDS 解码器从地面指挥。

PCDU 输入供电由实验室电源提供，后续由太阳电池阵列和飞行电池所取

代。板载电池尚未安装在此设置中。本组件在单元和系统层面的测试请参考第
9 章。

图 1.17　CDPI 飞行件单元组成了卫星 FlatSat 测试台的开端（©斯图加特大学 IRS）

1.9　对未来任务的概念性展望

将已实现的 OBC/PCDU 架构与整个卫星任务、任务目标和卫星复杂性进行
比较（参见第 10 章），使解决方案在第一印象来说有点大。为了控制一个简单
的大学微小卫星，OBC 的设计、通信协议等本可以简单得多，例如在 DLR BIRD
或 ESA SSETI 卫星期间的应用。然而，这种架构设计的目标是达到一个技术水
平，这也对行业未来任务应用有意义，这也是比较多的行业合作单位参与这个
项目的原因。这不仅适用于直接为 OBC 和 PCDU 提供组件的行业合作单位，也
适用于那些以纯材料成本甚至作为捐赠提供测试设备或模拟器的行业和机构合
作单位。

所开发的 CDPI 设计——随后的章节介绍了各个板的细节——可以很容易地
适应未来有关不同方面的其他低成本⊖任务：

- 具有模块化设计的 PCDU 可以灵活地适应其他具有不同 LCL（限流保护）
和 FCL（故障电流限流保护）输出数量的任务。
- OBC 和 PCDU 也可以集成在一个单一的公共机箱中，从而避免了外部的
OBC/PCDU 通道布线。由于在 FLP 平台中 OBC 和 PCDU 在几何上位于不同的卫
星舱，中间有一个剪力墙，因此目前的任务没有采用这种方法。
- OBC 的设计可以通过添加外部的 SpaceWire 接口来扩展，通过添加
SpaceWire 路由器板，一个用于标称 OBC 侧，一个用于冗余 OBC 侧。
- 如果需要，OBC 设计的板间布线和外部接口可以适应经典的 PCB/背板

⊖　低成本指的是低成本平台相对于行业或代理项目的价格范围。

设计。然而，回顾单个板卡并行设计和原型开发过程中设计和生产周期的解耦，基于模块化板卡设计方法有助于快速冻结技术方案。

- 整个 OBC 架构也可以灵活地通过未来的多核 LEON 芯片实现来升级 CPU 板，比如 Aeroflex Gaisler AB 正在开发的 GR712 LEON3 双核 SBC。
- 此外，CDPI 还可以通过一个集成的有效载荷数据管理单元进行增强，以用于未来的任务。

工程团队对于将 CDPI 系统的概念应用于未来的任务充满信心。

第2章 星载计算机处理器板

Sam Stratton, Dave Stevenson

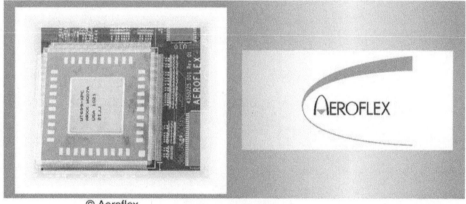

© Aeroflex

2.1 作为 ITAR 项目的处理器板

处理器板为抗辐射组件，同时作为美国公司的产品，被列为 ITAR（国际武器贸易条例）下的项目。为斯图加特大学制作的板符合 TAA（技术援助协议），协议编号 TA-6151-10。本章中 Aeroflex 的捐赠已被 Aeroflex 法律部门核实，符合 ITAR 规则和 TAA。

2.2 处理器板：SBC

星载计算机（OBC）以一种单板计算机（SBC）的形式开发，它也可以用于卫星控制以外的其他应用。空间中的其他潜在应用包括卫星或空间站仪器的控制器等。

SBC 是一个常用术语，用于任何包含处理器执行其预期功能所需的所有基本组件的计算机。SBC 包括运行所需的所有存储器资源、I/O 和通信接口。该电路板实际上是一台独立的计算机，而不需要额外的电路板（见图 2.1）。

图 2.1　安装架构内的 OBC 处理器板飞行件（© Aeroflex Inc./斯图加特大学 IRS）

典型的家用计算机不使用 SBC 作为它们的处理器板。在大多数情况下，它们在主板上有一个处理器，与主板连接的其他卡用于诸如存储器控制和图形处理等功能。所有的计算机都有一些计算机运行所必需的基本要求，如存储器资源、包括键盘和显示器在内的接口，以及以太网和 USB 等通信接口。

在 20 世纪 70 年代开发的第一批计算机卡是 SBC 类型的。这是处理器技术的早期阶段，因此在单个电路板上合并所有必要的资源和与处理器通信的方法更容易。随着处理器与其他存储器和接口技术的发展，有必要将一些功能转移到不同的板卡上。诸如以太网、存储器控制器和图形处理等功能通常是在单独的电路卡上实现的，这些电路卡通常被称为"子卡"。如今，在家用个人计算机市场上几乎没有 SBC。

虽然 SBC 通常不用于家庭个人计算机，但在卫星应用以及许多工业和航空航天计算机系统中是非常典型的。它们是一种更专用的计算机类型，在卫星和军事应用中，它们是为更极端的环境而设计的。

一般来说，大多数用于卫星或自动化控制的 SBC 使用被称为 RTOS（实时操作系统）的专用操作系统。RTOS 背后的主要概念之一是通常被称为"确定性"的概念。确定性是指计算机系统能够非常精确地计算任何给定过程的响应时间的能力。大多数卫星实现要求处理器执行的任务具有很高的确定性。

2.3 技术概况

OBC 处理器板是一种 SBC，设计用于实现 OBC 系统内的主处理器功能。该板是根据斯图加特大学为 Aeroflex Colorado Springs 的要求来设计和实现的。然后由 Aeroflex Colorado Springs 分析需求，并与斯图加特大学协商得出了一种设计方法。下面的小节描述了 SBC 的飞行件版本，而不是电性件版本，因为事实上它们之间有一些显著的差异（见图 2.2）。

图 2.2　处理器板电性件和飞行件（© Aeroflex Inc.）

2.3.1 OBC 微处理器

SBC 上的处理器是电路板的核心，它是根据程序的性能要求来选择的。在这种情况下，术语"性能"的使用范围比人们通常认为的要广泛得多。对于卫星或其他高可靠性应用，性能不仅指处理能力，而且通常还包括环境和机械性能。环境性能能力很重要，因为卫星 OBC 通常会比典型的家用 PC 处理器芯片要承受更高的极端温度和机械应力。在为卫星应用程序选择处理器时，需要考虑功耗和辐射性能等附加参数。所有这些要求都很重要，并且在为任何卫星程序选择处理器之前都要非常仔细地考虑。

对于 FLP 卫星的 OBC 处理器板，选择了 Aeroflex UT699 LEON3FT 处理器（见图 2.3）。该处理器非常适合基于上述所有标准的卫星应用程序。LEON3FT 是一个 32 位 SPARC™ V8设备，具有许多接口，适用于多种类型的集成设备。对于 FLP 卫星项目，在项目层面决定使用 SpaceWire 作为OBC 单元中所有板之间的主要接口。

图 2.3   LEON3FT 的 CQFP 封装
(© Aeroflex Inc.)

SpaceWire 是一种高速串行总线，特别适合用于系统间的通信和卫星的控制。总线本质上是一个位传输协议，数据由用户根据自己的特定需求定义。有关SpaceWire 协议的完整描述，请见参考文献 [11, 12]。

2.3.2   OBC 存储器配置

所有的 SBC 都需要存储器来处理数据和执行任务。两种不同类型的存储器在嵌入式计算机中实现不同的功能。

1. 非易失性存储器

第一种类型的存储器被称为非易失性存储器，之所以这样命名是因为当电源从板上移除时，设备保留了存储在其单元内的数据。非易失性存储器是至关重要的，因为它通常包含处理器在上电启动时将使用的操作系统。在家用个人计算机中，非易失性存储器是由启动 EEPROM 和硬盘驱动器实现的，尽管近年来我们看到越来越多的固态设备取代了硬盘。由于没有硬盘驱动器可以在太空中使用，卫星中的非易失性存储器需要多样化的固态设备。一些类型的非易失性存储器包括闪存、EEPROM、FRAM 和 MRAM，这些设备在不通电时能保留数据。

2. 易失性存储器

SBC 上的第二种存储器称为易失性存储器。易失性存储器不会保留数据，因此只有在处理器通电并执行预期功能时才能使用。常见的易失性存储器包括静态随机存取存储器（SRAM）、同步 SRAM、动态 RAM（DRAM），以及同步动态 RAM（SDRAM）。这些都是易失性存储器的例子。对于卫星应用程序，最常见的易失性存储器形式是 SRAM。

2.3.3 用于多项功能的 OBC FPGA

在设计处理器系统的过程中，使用微处理器难以满足的需求，通常需要以离散逻辑或最有可能的现场可编程门阵列（FPGA）来实现。FLP 项目有一些 OBC 处理器板的要求，不容易在 LEON3FT 处理器上用软件实现。因此，设计团队决定在一个抗辐射的 FPGA 上实现这些功能（见图 2.4）。

与分立逻辑芯片相比，FPGA 通常是一个更好的选择，因为 FPGA 通常会占用更少的板上空间，也很可能会使用更少的电力。为卫星系统选择 FPGA 的过程类似于选择微处理器的过程。在选择 FPGA 之前，需要考虑电气、温度以及机械和辐射性能。对于 FLP 卫星项目，选择 CGA484 封装的 Aeroflex UT6325，是因为其辐射性能以及其相对较小的封装和易于实现。该设备非常适合于星务管理功能和其他任务。如果不使用离散的逻辑设备来实现，这些任务的实现将是非常困难的。该器件容易获得，有良好的飞行经验。

图 2.4 UT6325 耐辐射 FPGA
（© Aeroflex Inc.）

2.4 OBC 处理器板功能简介

OBC 处理器板是一个基于 UT699 LEON3FT 的 3U PCB 板卡，板上具有 8MB SRAM 和 4MB 非易失性 FRAM。OBC 处理器板上的通信主要是通过直接连接到 LEON3FT 的 4 个 SpaceWire 端口实现的。SpaceWire 端口提供了进出系统中的 OBC 处理器板和 OBC 其他外围板的访问接口。其他接口包括以太网和 RS422 接口，它们都用于系统的地面测试和调试。还有一个 LEON3FT 调试支持单元（DSU），可以使用前面板连接器进行访问。

已在 SBC 上 LEON3FT 芯片的易失性和非易失性存储器空间实现了 EDAC 功能，下一节将更详细地讨论 SBC 上的所有接口。

OBC 飞行件的顶层功能图如图 2.5 所示，该图介绍了 OBC 处理器飞行件的整体设计功能框图。

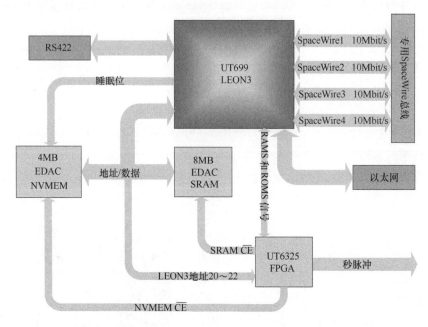

图 2.5   OBC 处理器板框图（飞行件）（© Aeroflex Inc.）

下一节将更详细地介绍一个重要的方面，即 FPGA 可以处理易失性和非易失性存储器的 CE 信号。

2.5   OBC 处理器板存储器接口

所有的微处理器都需要存储器来执行它们所需的功能。OBC 处理器板存储器接口是根据斯图加特大学给 Aeroflex 的设计者的要求来实现的。在设计过程中，出现的任何问题或变更都要与大学协商。

任何处理器板上包含的存储器数量是处理器性能的一个非常重要的因素。这一事实适用于家用个人计算机和 SBC，并遵循了人们的共识，即越多越好。如前所述，处理器需要两种类型的存储器——易失性和非易失性。

- 非易失性存储器：这种类型的存储器即使电源关闭也会保留数据，适用于存储处理器操作系统。这种类型的存储器在功能上类似于启动 EEPROM 和在家用计算机中使用的硬盘。它通常比大多数类型的易失性存储器要慢，但这是可以接受的，因为它只在计算机启动期间被访问。

- 易失性存储器：当设备断电时，这种类型的存储器不会保留数据。它适用于处理器在运行其预期任务时使用（见图 2.6）。

板上每种类型的存储器的数量取决于所设计的板的功能要求。非易失性存储器设备需要足够密集，以保存整个 RTOS 映像以及用户希望保存的任何引导代码。

1. 非易失性存储器资源

对于 FLP 卫星项目飞行件，决定使用 FRAM 设备。在 OBC 板通电时，LEON3FT 将把 RTOS 映像从 FRAM 设备加载到 SRAM 上进行飞行操作。FRAM 设备还有一个 "休眠位"，用户可以在将映像加载到 SRAM 后将设备设置为低功耗模式。SBC 上的接口被设计为使用 LEON3FT 上的两个 ROM 选择（ROMS）信号。ROMS［0］从 地址 0x00000000 开始，ROMS［1］从地址 0x10000000 开始。每一组非易失性存储器 为 LEON3FT 提供 2MB 的 SRAM。

图 2.6　飞行单元上的 Aeroflex 堆叠 SRAM（© Aeroflex Inc.）

2. LEON3FT 的非易失性接口

除了到设备的芯片使能信号，LEON3FT 的非易失性接口是最直接的。在最坏的情况下，用于 LEON3FT 的 33MHz 系统时钟上的这些信号的时序与 FRAM 设备不兼容。需要使用板载 FPGA 来强制使这些信号满足 FRAM 设备的最坏情况时序。

图 2.7 显示了从 LEON3FT 到 FRAM 设备的顶层接口。从 LEON3FT 到 FPGA 的 ROMS 信号，本质上是来自 LEON3FT 的芯片使能信号。FPGA 控制 ROMS 信号的时序，以向 FRAM 设备创建 CE 信号。上述操作使得 CE 信号满足 FRAM 的时序，对系统的影响是使用 LEON3FT 与非易失性存储器空间接口时所需的三个等待状态。由于这些存储器不经常被读取，因此对处理器性能的影响几乎可以忽略不计。

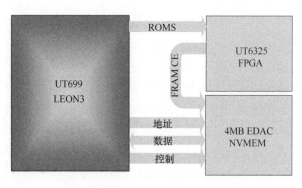

图 2.7　LEON3FT NV 存储器接口（© Aeroflex Inc.）

• LEON3FT 访问 NVMEM：LEON3FT 处理器有两个芯片使能，可用于设备上的 ROM 存储器区域。非易失性存储器设备被映射到 LEON3FT 的 ROMS［0］和 ROMS［1］空间中。ROMS 信号为非易失性存储器的芯片使能。因此，在飞行件 SBC 上有两组 2MB 的非易失性存储器。

• NVMEM 等待状态：当执行 NVMEM 访问时，需要在 LEON3FT 存储器配置 1（mcfg1）寄存器中至少设置 3 个等待状态。这是为了确保 LEON3FT 接口的时序，使用 FPGA 来控制到 FRAM 设备的 CE 信号。这 3 个等待状态需要设置为读和写。有关 LEON3FT 中的 mcfg 寄存器的详细描述，请参阅 LEON3FT 功能手册[50]。请注意，在通电时 PROM 存储器区域的默认等待状态被设置为最大 30。

• NVMEM 休眠位功能：OBC 处理器板上的每一个 FRAM 设备都有一个"休眠位"，用于将设备置于低功耗模式。一旦从 LEON3FT 读取程序代码并存储到 SRAM 中，建议用户在不访问设备时将这些位设置为低位。休眠位连接到 LEON3FT 上的 GPIO 信号，它们上拉连接到这些信号上，因为 LEON3FT 默认所有 GPIO 信号为输入。使用上拉连接可以确保 LEON3FT 在通电后或在 LEON 被 FPGA 重置后能够访问非易失性存储器空间。

• 休眠位实现：这两个休眠位是在飞行件 SBC 上使用 LEON3FT 的 GPIO 信号实现的。每个休眠位控制一组 2MB 的非易失性存储器。表 2.1 解释了这些信号，并确定了它们的默认条件。

表 2.1　NVSLEEP GPIO 分配

信号名称	LEON3FT I/O	GPIO 分配	重置值	描述
NVSLEEP0	O	GPIO12	高	2MB Bank 0 休眠位
NVSLEEP1	O	GPIO13	高	2MB Bank 1 休眠位

• NVMEM EDAC 实现：飞行件 SBC 上使能 LEON3FT 的 EDAC 功能。有关 PROM 存储器区域的 EDAC 的完整描述，请参阅 LEON3FT 功能手册。

3. 易失性存储器资源

SBC 包含 8MB 的星载 SRAM。当 LEON3FT 上电或复位时，它将把存储在非易失性存储器空间中的程序代码加载到 SRAM 存储器空间中。OBC 的所有处理都是通过 SRAM 存储器空间中运行的代码来完成的。OBC 处理器板的 SRAM 是一个 Aeroflex 堆叠 SRAM 设备，在单个封装内有 4 个芯片。从 LEON3FT 发出的单个 RAM 选择（RAMS）信号连接到 FPGA，然后从 FPGA 到 SRAM 设备产生 4 个使能信号（见图 2.8）。

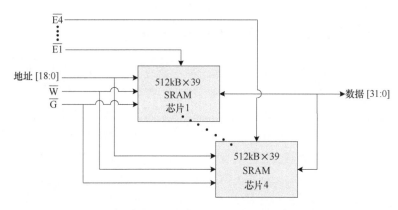

图 2.8　Aeroflex 8MB 堆叠 SRAM 与芯片上的 EDAC 位（© Aeroflex Inc. ）

- LEON3FT 访问 SRAM：在 LEON3FT 上有 4 个芯片使能。OBC 使用其中一个信号连同高优先级地址位来控制 4 个芯片使能信号到 SRAM 设备。LEON3FT 的 32 位数据总线连接到 SRAM 设备、错误检测和校正（EDAC）上的低 32 位数据，检查位连接到 SRAM 上的高 7 位数据。图 2.9 所示为该接口的简化版本。SRAM 接口不需要在 LEON3FT 存储器控制器中设置任何等待状态。

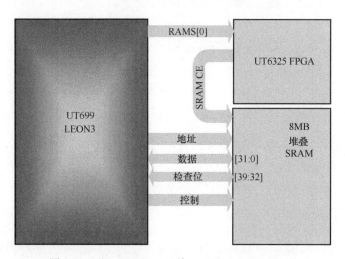

图 2.9　LEON3FT SRAM 接口（© Aeroflex Inc. ）

- LEON3FT SRAM EDAC：OBC 处理器板的主要需求之一是使用 EDAC 保护所有存储器。OBC 处理器板利用芯片 EDAC 上的 LEON3FT 作为 SRAM 存储器空间。LEON3FT 上的检查位连接到 SRAM 数据位［39：32］。存储器控制器的寄存器管理 EDAC 的功能以及它们在 SBC 上的使能，可参考 LEON3FT 功能手册[50]，以了解如何为 SRAM 空间使能 EDAC 功能。

2.6　OBC 处理器板 SpaceWire 接口

　　SpaceWire 是一种点对点串行总线，它支持高达 200Mbit/s 的数据速率进行全双工通信。该协议使用一个简单的基于"令牌"的系统来管理进出每个端点的数据。每个令牌字符告诉令牌的接收机，发射机在其接收缓冲区中有 8B 的数据空间。因此，如果 SpaceWire 节点要发送数据，它将为接收的每个令牌发送 8B 的数据。得到的功能简述如下：只要每一边都有要发送的数据，并且接收到的数据从接收缓冲区中提取，系统就会继续运行。对于 FLP 卫星项目，SBC 实现了 LEON3FT 微处理器上的所有 4 个专用的 SpaceWire 端口，运行速率为 10Mbit/s（见图 2.10）。

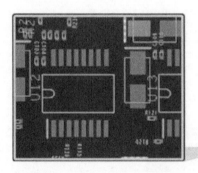

图 2.10　LVDS 四驱动器封装在 SBC 上的分布（© Aeroflex Inc.）

1. SpaceWire 端口管理

　　LEON3FT 上的所有 4 个 SpaceWire 端口都可以使用 LEON3FT 的 SpaceWire 寄存器进行操作。这些寄存器控制着 SpaceWire 端口的一些重要特征。诸如端口使能、初始化数据速率、断开时间和超时时间等特征。寄存器在 LEON3FT 用户指南[50]中有详细讨论，并鼓励读者参考该文档来详细了解关于 LEON3FT SpaceWire 寄存器的讨论。

2. SpaceWire 时钟和数据速率

　　SBC 使用一个 10MHz 的振荡器实现了 SpaceWire 时钟输入到 LEON3FT。设置传输数据速率的寄存器被设置为使 SpaceWire 端口运行在 10Mbit/s。

2.7　其他功能

　　OBC 处理器板有许多不适合 LEON3FT 微处理器的其他功能。这些功能应用于 UT6325 FPGA 中，并将在下面的小节中进行讨论。FPGA 特别适合于处理器板实用功能，而 UT6325 则由 OBC 处理器板设计者使用（见图 2.11）。

2.7.1 NVMEM 芯片使能

图 2.11 CQFP 封装的 UT6325
（© Aeroflex Inc.）

如前所述，为 OBC 处理器板选择的 FM22L16 FRAM 设备的时序与 LEON3FT 的时序不兼容。因此，控制存储器所需的某些信号需要由板载 FPGA 来管理。本实例中的信号是 FRAM 芯片使能。FPGA 的内部逻辑确保了在最坏飞行条件的情况下的适当时序。

2.7.2 SRAM 芯片使能

LEON3FT 的设计不能直接与堆叠 SRAM 设备连接。使用的 UT8ER2M39 SRAM 设备在一个封装内有 4 个芯片层。板载 FPGA 使用 LEON3FT 的一个芯片使能以及高地址位生成 4 个芯片使能用于 SRAM 设备。

2.7.3 秒脉冲接口

适合于 FPGA 的实用功能的一个很好的例子是秒脉冲（PPS）需求。该信号用于同步 FLP 卫星星敏感器与 LEON3FT 接口。该信号由板载 FPGA 产生，并提供到 44 针 D 型连接器上。使用 MSI 设备生成这种类型的信号将需要 4~5 个独立的芯片，而且很可能比 FPGA 占用更多的 PCB 空间。

秒脉冲如图 2.12 所示，此图取自 OBC 的飞行件单元。测量时序为从上升边沿到下一个上升边沿。该信号的时序参数见表 2.2。信号连接到 LEON3FT 的 GPIO。这样，如果用户愿意，就可以通过 LEON3FT 来监控信号。这个输入所使用的 GPIO 是 GPIO10。

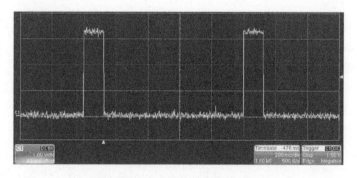

图 2.12 处理器板的秒脉冲信号示波器图（© Aeroflex Inc.）

表 2. 2   脉冲精度取决于工作温度

温度范围/℃	最小脉冲频率/Hz	最大脉冲频率/Hz
-55~+125	0.9999950	1.0000500

秒脉冲重置

信号连接到 LEON3FT 的 GPIO15，并连接到用于重置秒脉冲的 FPGA。为了可靠地复位一个秒脉冲，最小脉冲宽度是两个系统时钟周期。

2.7.4   看门狗信号和 LEON3FT 复位

LEON3FT 的芯片上有一个看门狗复位信号，OBC 处理器将该信号连接到 FPGA。当该信号使能时，FPGA 内部的逻辑将使用看门狗触发信号来重置 LEON3FT。

看门狗触发信号

LEON3FT 的 GPIO14 已被设置为发生"看门狗触发"时使能 LEON3FT 的复位。如果 GPIO14 被 LEON3FT 设置为"高"，并且有一个 LEON3FT 看门狗触发，则 LEON3FT 将由 FPGA 重置。通电时看门狗触发使能默认被禁用（低）。

2.7.5   RS422 接口

RS422 接口是通过使用 P5 连接器上的输入、LEON3FT 的 GPIO 信号和芯片 UART 上的 LEON3FT 信号的组合来实现的，如图 2.14 所示。

未使用的发送和接收信号处理

如果用户不希望使用 RS422TXEN 和 RS422RXEN 输入信号，则必须应用以下设置：在地址 0x80000908 的 GPIO 端口方向寄存器中，必须将位［5］和位［6］设置为"高"，这将设置 GPIO5 和 GPIO6 为输出。

2.7.6   复位

所有的数字电路板需要在每次上电时复位，OBC 处理器也不例外。上电复位电路将保持 LEON3FT 复位，直到输入电源稳定（见图 2.13）。

1. POR 复位

OBC 处理器板上的上电复位（POR）时间大约为 250ms。LEON3FT 和 FPGA 将在上电时复位。FPGA 仅在上电时复位，用于控制 LEON3FT 复位。

2. LEON3FT 外部复位

外部复位信号通过用于 LEON3FT 外部复位的 44 针连接器提供。这个信号的实现应该是这样的，当用户想要复位 LEON3FT 时，这个信号将被下拉到"低"。当复位终止时，信号应保持浮动。在 SBC 上，FPGA 执行 LEON3FT 的复位。

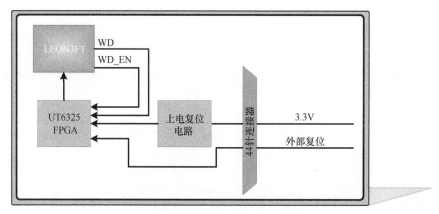

图 2.13　处理器板复位连线（© Aeroflex Inc.）

2.7.7　时钟接口

1. LEON3FT 系统时钟

SBC 使用一个 33MHz 振荡器实现系统时钟输入到 LEON3FT 。

2. SpaceWire 时钟

SpaceWire 时钟的频率是 10MHz。

2.7.8　DSU/以太网接口卡

为了调试和测试 OBC 处理器板（电性件和飞行件型号），Aeroflex Colorado Springs 设计了一个小型 PCB 卡，分别连接到 LEON3FT DSU 和以太网端口。更多详细介绍参见 11.1 节。

LEON3FT 上的以太网接口是通过将信号从 LEON3FT 连接到 44 针 D 型连接器来实现的。在调试期间，用户将使用 DSU/以太网接口卡来实现以太网连接。

OBC 处理器板上的 LEON3FT 微处理器在设备上也有一个调试支持单元（DSU），这些信号在 SBC 上路由到 44 针 D 型连接器。当尝试访问 DSU 时，用户将使用 DSU/以太网接口卡。

2.8　电源规格

SBC 有一个 44 针 D 型连接器，用于 3.3V±5% 的输入电源。此外，还有 5 个 MDM 9 针连接器，其中 4 个用于 SpaceWire 接口，一个用于 RS422。SBC 在全吞吐量下的最大功耗不超过 5W。

2.9 机械设计和尺寸

SBC 是基于一个 3U CPCI PCB。尺寸为 100mm×160mm。电路板和连接器位置的示意图如图 2.14 所示。

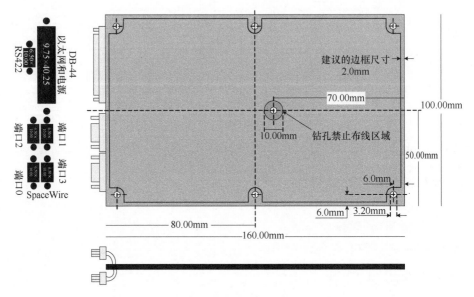

图 2.14   处理器板机械示意图 （© Aeroflex Inc.）

第 3 章　I/O 板

Barry M. Cook, Paul Walker, Roger Peel

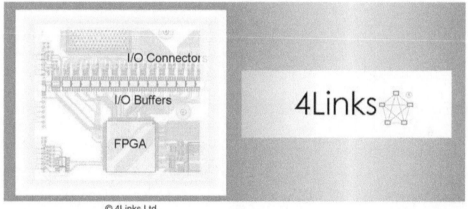

© 4Links Ltd.

3.1　I/O 板和 CCSDS 板的通用设计方案

这两个 OBC 组件包括通用设计 OBC I/O 板和 CCSDS 解码器/编码器板（或简称 CCSDS 板）。这两种板卡在 OBC 内部都有单份备份，并通过运行 RMAP 协议的交叉耦合 SpaceWire 连接到两个 OBC 处理器板。需要特别指出，虽然实现了完全不同的功能，但这两个电路板都是基于相同的 3U PCB、FPGA 芯片和 I/O 驱动器集成电路设计的。

I/O 板是由 4Links Limited 公司设计的，包括 PCB 和在 FPGA IP 内核中实现的功能。所有的用于 SpaceWire、RMAP 和 I/O 接口的 I/O 板 IP 都来自 4Links。SpaceWire 的核心来源于 4Links 测试设备的设计，它使用同步时钟和数据恢复，简化了设计，避免了异步设计的问题。简化 IP 内核易于使用、及时的技术支持等优势受到用户称赞（见图 3.1）。

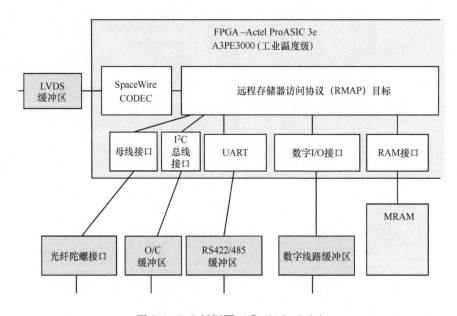

图 3.1　I/O 板框图（© 4Links Ltd.）

CCSDS 板正在使用的 I/O 板 PCB 包含有限的接口设备而没有大规模存储器芯片。它只需要连接到航天器的收发器和 PCDU 中的解码组合控制器的 HPC1 型高优先级命令。相应的 CCSDS 功能是由 Aeroflex Gaisler AB 在 GR-TMTC-0002 衍生的 IP 内核中实现的。

两种板卡类型均采用 Microsemi/Actel A3PE3000L PQ208 FPGA。这种通用的

板卡设计为硬件开发节省了相当大的成本，对于像大学卫星这样的低成本项目是必不可少的。两个板的 IP 内核都采用三模冗余（TMR）设计，该技术可以实现对单事件中断（SEU）的更高的抗干扰能力。

3.2　作为远程接口单元的 I/O 板

I/O 板提供了当前运行的处理器板、操作传感器和执行器之间的互连，意味着它在传统的航天器架构中扮演了一个远程接口单元（RIU）的角色。从这个意义上说，它将星载 TM 和 TC 信号直接连接到航天器的 GPS 接收器、星敏感器、光纤陀螺、反作用轮、磁转矩电子设备、磁强计、遥测跟踪和控制设备、有效载荷控制器、有效载荷数据下行系统和电源管理与配电单元。对 FLP 卫星体系结构细节感兴趣的读者请参见第 10 章，特别是图 10.5。I/O 板总共提供了 62 个外部接口：

- 2 个 10Mbit/s 的 SpaceWire 链路。
- 22 个 UART 接口，大部分是全双工，波特率为 9600~115200Baud。
- 1 个光纤陀螺的 2MHz 总线。
- 2 个 100kHz I^2C 总线。
- 35 个数字 I/O 线。

I/O 板和 OBC 之间的数据传输发生在 1.25ms 时间内。在一个插槽中，1200B 数据极限传输速率需求大约为 1Mbit/s，可以通过 10Mbit/s 的 SpaceWire 原始线速率来实现。因此，FPGA 可以采用 10MHz 时钟运行，减少了动态功耗，也减少了组合逻辑中的中断被保留的概率。

I/O 板和配套设备之间的传输速率较慢，并且可以同时进行多个事务处理——在 FPGA 中作为并发硬件比在服务器上作为伪并发软件更容易验证。OBC 和 I/O 板之间的连接保持 10Mbit/s 的合理紧凑传输速率，使 SpaceWire 的 LVDS 接口成为一个很好的选择。其他接口以更低的数据速率的 RS422/485 总线连接，仅在边沿切换期间消耗功率，从而平均功耗非常低，同时电压波动幅值较宽，可以提供良好的噪声抗干扰能力。

SpaceWire CODECS 符合当前的 ECSS 标准[11]，并选择相关的 RMAP 协议[13,14]来进行结构传输。尽管远程存储器访问协议（RMAP）是访问存储器的主要方式（MRAM 可以作为普通 SRAM 和 NVRAM 使用），但它不太适合用于 UART 中的数据传输。

外部（非存储器）传输看起来像是在 RMAP 和设备之间使用简单的附加协议进行的存储器传输。细节有所不同，主要取决于具体的接口需求（UART、I^2C 等），但都遵循相同的总体结构。从 I/O 板（到设备或执行器）发送的数据首先写入存储器映射缓冲区，在那里保存，直到确认无错误为止。它从缓冲区传输到外部接口，考虑到那些需要比简单的数据复制更复杂的操作的接口，例如一个 I^2C 读操作，它使用发送地址的写/读序列，然后输入数据。接收到的数据存储在缓冲区中，直到由 OBC 处理器板发起的事务处理读取，每个外部接口都有一个唯一的 RMAP 存储器地址。

3.3 作为 OBC 大容量存储器单元的 I/O 板

I/O 板配备了大容量存储器用于

- 星务遥测技术。
- 星上时间存储。
- 存储特定的航天器状态和健康状态信息[10]。
- 上传的星上时间数据。

单独使用、存储器的分区等是特定于任务的，并由卫星星载软件（OBSW）负责。该存储器容量不是由卫星有效载荷的数据大小来决定的。在 FLP 卫星任务中，一个由有效载荷控制器管理的专用大容量存储器单元（MMU）负责此任务。

为了避免在 OBC 断电的情况下丢失存储的信息（特别是星务管理信息和航天器状态信息），I/O 板存储器使用非易失性大容量存储器。

非易失性存储器是磁性 RAM（MRAM），其优点是可以作为静态随机存取存储器（SRAM）进行写入和读取，其速度与 SRAM 相似。MRAM 被认为具有无限的使用寿命（读或写周期数），并保留非易失性数据至少 20 年。这些存储元件不受单粒子翻转事件的影响。我们选择了 Everspin MR4A16B 器件，每个器件都有 1048576 个 16 位字，I/O 板上每个芯片提供 2MB（8 位）。

10 个芯片可为每个 I/O 板提供 20MB 的整体非易失性存储器，组织为两个区域：遥测数据（16MB）和状态数据（4MB）。访问是完全随机的独立字节访问。

应用 RMAP 协议还可以实现大容量存储器读/写访问。更多的信息将在 3.5 节介绍。

3.4 I/O 板热备份操作方式

在正常情况下，一个 OBC 的 I/O 板作为主份运行，由主份处理器板控制。如前所述，OBC 通过 I/O 板的驱动接口控制所有卫星的星载设备，并在 I/O 板存储器中存储所有相关状态和星务管理数据以及时间线处理状态。

　　如果一个星载设备的接口驱动（例如 UART）因硬件、电缆以及部分控制设备故障失效，可能需要切换到备份的 I/O 板。在这种情况下，运行板还应包含当前的星务管理和状态数据以及记录的历史。因此，该功能是为了重新配置到正常的 I/O 板，并通过禁用的接口缓冲芯片使有缺陷的 I/O 板处于打开状态。这允许将有缺陷的 I/O 板上记录的遥测数据复制到正常的板上。

　　缓冲芯片可以通过断电而清除数据，在这种情况下，它们的输出会变成高阻态。

　　I/O 板的接口缓冲区直到在地址 0×8100 中写入值（值 255 驱动缓冲区，值 0 移除电源，其他任何值无效）后才加电。第一个逻辑值控制连接器 D 的缓冲区，第二个逻辑值控制连接器 E 的缓冲区。

3.5　I/O 板 RMAP 接口

　　SpaceWire 可以不使用任何协议，或使用一种或多种协议。由于 I/O 板的存储器是由 OBC 写入和读取的，因此，需要采用 ECSS-E-ST-50-52C[14] 标准化的 SpaceWire RMAP。

3.5.1　I/O 板的板标识

　　所开发的 I/O 板类型称为 SIU B-012-PPFLPIO。

　　通过 OBC 内核的 SpaceWire 板标识（主份或备份）将连接器 E 上选定的引脚接地来设置，允许根据线束中的位置设置。

　　• 通过将 TMS 引脚 55 接地[⊖]，并使 TDI 引脚 80 打开或连接到引脚 81（J_VJTAG），来选择主份板，如图 11.7 所示。然后，主份板将响应发送到逻辑地址 0×21 的请求信息。

　　• 通过将 TDI 引脚 80 接地，并使 TMS 引脚 55 打开或连接到引脚 81（J_VJTAG），来选择备份板。然后，备份板将响应发送到逻辑地址 0×22 的请求信息。

　　TMS 和 TDI 的其他组合（同时打开/V_JTAG 或同时接地）无效，并将导致电路板不响应 SpaceWire 命令。

　　写入/读取未定义的地址将返回 RMAP 状态码 10（命令不可能）。

　⊖　如果需要 JTAG 功能（例如，加载新固件），接地引脚可以通过 1kΩ 电阻接地，然后编程器可以直接连接到连接器引脚。当不使用 JTAG 编程器时，应该断开它，以确保正确的电路板操作。然后，I/O 板将响应逻辑地址 0×21 的请求信息。

3.5.2 I/O 板接口 RMAP 地址

总的来说,该板呈现为一个大的、稀疏的、通过 RMAP 协议访问的存储器映象。表 3.1 列出了从 RMAP 存储器空间到真实存储器和接口的映射,描述了如何使用"扩展地址"字段进行主要块选择并用"地址"字段进行详细地址选择。

写入状态向量存储器和遥测存储器没有缓冲:在写入之前不可能进行验证。即使发生错误,部分数据至少也会被写入存储器——RMAP 验证位将被忽略。如果请求写确认并发生错误,将返回特定的错误代码(除非头损坏,在这种情况下不会应答,也不会将数据写入存储器)。

写入 UART、I²C、FOG 和逻辑输出将被完全缓冲,数据可以在写入之前进行验证。如果设置了 RMAP 验证位并发生错误,则将不会传输数据。如果没有设置 RMAP 验证位,即使发生错误,也可能会传输一些数据。

表 3.1 I/O 板 RMAP 地址

扩展地址	地址	功能	说明
0×03	0×00000000~0×003FFFFF	4MB MRAM	状态向量存储器地址环绕在这个地址空间中
0×02	0×00000000~0×00FFFFFF	16MB MRAM	遥测存储器地址环绕在这个地址空间中
0×01	0×8100	逻辑输出	控制缓冲区上电
0×01	0×8110	UART	9600bit/s,连接器 D
0×01	0×8111	UART	9600bit/s,连接器 D
0×01	0×8112	UART	9600bit/s,连接器 D
0×01	0×8113	UART	9600bit/s,连接器 D
0×01	0×8120	I²C	100kHz,连接器 D
0×01	0×8121	I²C	100kHz,连接器 E
0×01	0×8130	UART	57600bit/s,连接器 D
0×01	0×8131	UART	57500bit/s,连接器 E
0×01	0×8140	UART	57600bit/s,连接器 E
0×01	0×8141	UART	57600bit/s,连接器 E

（续）

扩展地址	地址	功能	说明
0×01	0×8142	UART	57600bit/s，连接器 E
0×01	0×8143	逻辑输出	3 个信号，连接器 E
0×01	0×8144	逻辑输入	3 个信号，连接器 E
0×01	0×8150	UART	115200bit/s，连接器 E
0×01	0×8151	逻辑输出	1 个信号，连接器 E
0×01	0×8160	光纤陀螺仪	连接器 D
0×01	0×8170	UART	115200bit/s，连接器 D
0×01	0×8171	UART	115200bit/s，连接器 E
0×01	0×8172	UART	115200bit/s，连接器 D
0×01	0×8173	UART	115200bit/s，连接器 E
0×01	0×8174	逻辑输出	3 个信号，连接器 D
0×01	0×8175	逻辑输出	3 个信号，连接器 E
0×01	0×8176	逻辑输入	6 个信号，连接器 D
0×01	0×8177	逻辑输入	6 个信号，连接器 E
0×01	0×8180	UART	115200bit/s，连接器 D
0×01	0×8190	UART	115200bit/s，连接器 D
0×01	0×8191	UART	115200bit/s，连接器 E
0×01	0×8192	UART	115200bit/s，连接器 D
0×01	0×8193	UART	115200bit/s，连接器 E
0×01	0×81A0	UART	115200bit/s，连接器 D
0×01	0×81A1	UART	115200bit/s，连接器 E
0×01	0×81B1	UART	（预留）9600bit/s，连接器 D
0×01	0×81B2	UART	（预留）9600bit/s，连接器 D

（续）

扩展地址	地址	功能	说明
0×01	0×81B3	UART	（预留）115200bit/s，连接器 E
0×01	0×81B4	UART	（预留）115200bit/s，连接器 E
0×01	0×81B5	UART	（预留，仅作为输入）115200bit/s，连接器 E

3.5.3　RMAP 返回状态值

RMAP 返回状态值见表 3.2。

表 3.2　RMAP 返回状态值

响应数据包中的状态值	意义	备注
0	已完成	存储器：存储器中的数据正确；UART/逻辑输出/I^{2}C/光纤陀螺仪：数据正在被发送到接口
2	未使用的类型代码	收到了一个无效的 RMAP 命令
3	无效的密钥	必须为 0×00
4	无效数据 CRC	存储器：数据被写入存储器；UART/逻辑输出/I^{2}C/光纤陀螺仪：数据被丢弃，没有数据被发送到接口
5	意外 EOP	存储器：数据被写入存储器；UART/逻辑输出/I^{2}C/光纤陀螺仪：数据被丢弃，没有数据被发送到接口
6	数据过多	存储器：数据被写入存储器；UART/逻辑输出/I^{2}C/光纤陀螺仪：数据被丢弃，没有数据被发送到接口
7	意外 EEP	存储器：数据被写入存储器；UART/逻辑输出/I^{2}C/光纤陀螺仪：数据被丢弃，没有数据被发送到接口
9	验证缓冲区溢出	存储器：数据被写入存储器；UART/逻辑输出/I^{2}C/光纤陀螺仪：数据被丢弃，没有数据被发送到接口 如果发送的数据量超过传输缓冲区大小，则将返回此代码
10	不可能命令	所有数据都被丢弃
12	无效目标地址	必须是 0×21 或 0×22

3.6　I/O 接口电路、接地和终端

本节描述了不同类型的 I/O 接口电路图，包括名义上的接地接口以及 FLP 卫星具有的电气隔离的特定接口。

这种接口类型适用于航天器中的所有 RS485 和 RS422 连接。对于 FLP 卫星平台，该接口适用于具有 OBC 与 PCDU、磁强计控制电子设备、收发器管理接口、反作用轮和光纤陀螺仪等设备的连接。

在输出端子上采用了一个低通滤波器，以减少对航天器中其他信号/系统可能产生的电磁干扰（EMI）。对于任何信号，其最大数据速率为 2Mbit/s（大多数不超过 100kbit/s）时，缓冲区输出的上升和下降时间远远快于要求的。在此应用中，快速边沿并不有助于改善信号的完整性（输入都有施密特触发器），而只是增强了杂散辐射，因此进行了滤波（见图 3.2）。

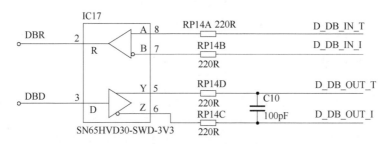

图 3.2　一个标准串行差分接口的示例（©4Links Ltd.）

差分信号，如标准串行差分接口，用它们自己的信号返回路径（差分对的另一条导线）来构建电路。单端信号需要一条返回路径，可能共用多个信号到同一位置，但为了避免接地问题，必须将其与电源地隔离。我们选择了 ADuM14xx 和 ADum54xx 系列隔离器，因为它们还为连接器侧缓冲区提供了隔离电源。

小卫星上的一些星载设备只提供 I^2C 连接，比如磁转矩控制电子设备。为了避免航天器内被控制设备和 OBC 之间的接地回路，这些 I^2C 作为隔离的组实现（见图 3.3）。隔离是通过磁耦合器来实现的。

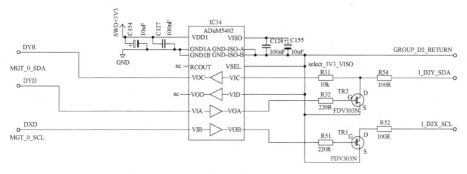

图 3.3　隔离的 I^2C 组示例（©4Links Ltd.）

图 3.4 给出了隔离组接口的另一个例子，用于需要 OBSW 升级功能的模块，这里介绍的示例为 GPS 接收器（见图 3.4）。

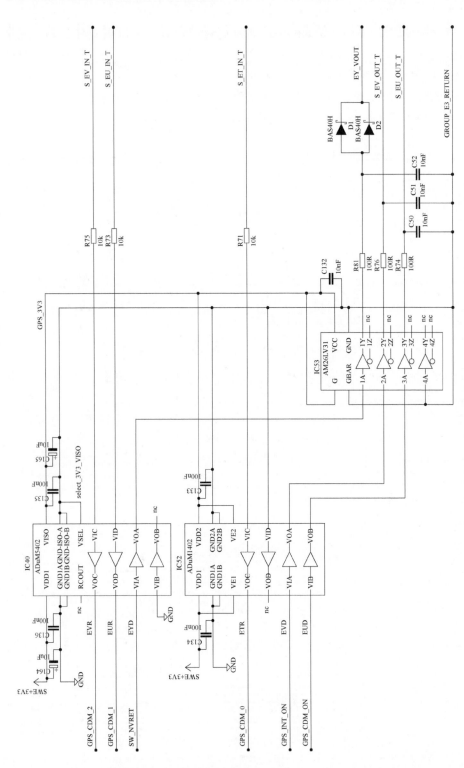

图 3.4　具有软件升级功能的设备的隔离组（图中为 GPS）（© 4Links Ltd.）

最后，与航天器单元连接的一系列命令/控制接口，可能需要在设备单元侧物理接地时进行电气隔离。对于这些单元，I/O 板上提供了完整的隔离接口组。图 3.5 中描述了用于一个复杂的有效载荷控制器的隔离接口方案。

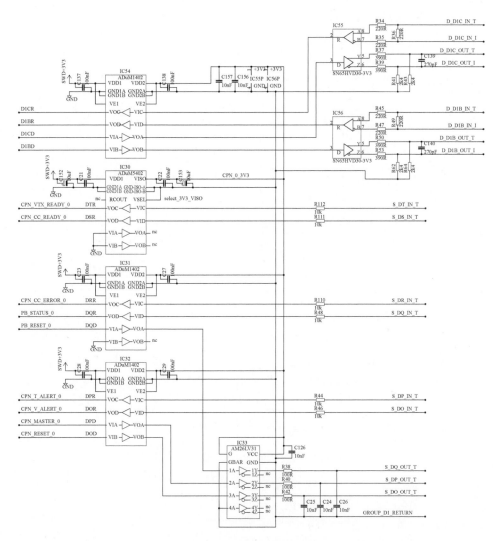

图 3.5　一个复杂的有效载荷控制器的隔离接口组（© 4Links Ltd.）

I/O 板调试/JTAG 接口是最后一组外部 OBC 接口，电气接地和接口图如图 3.6 所示。

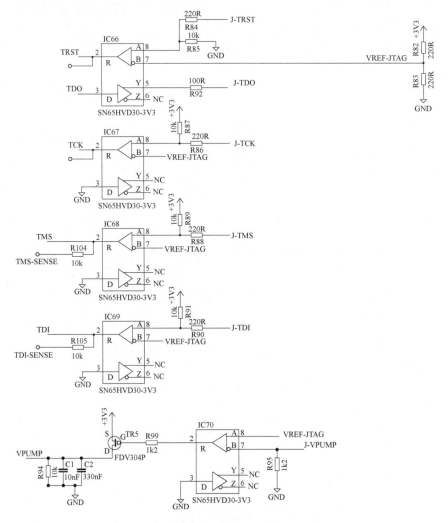

图 3.6　I/O 板的 JTAG 接口　(©4Links Ltd.)

3.7　I/O 板接口访问协议

I/O 板的接口类型已经在前一节中介绍过了。下面列出了来自 OBC 处理器板的接口访问协议。

1. 存储器

除了 RMAP 协议之外，没有针对从状态向量和遥测数据写入/读取的数据的附加协议。命令或应答中的所有数据字节都被精确地复制到绝对存储器地址或从绝对地址读取。存储器中的数据，即航天器配置数据、星务遥测数据等的处理必须由航天器 OBSW 执行。

2. UART

对于从 UART 写入/读取的数据，也没有额外的协议。写入 UART 的命令包中的所有数据字节都通过 UART 转发，而不增加、删除或更改任何字节。类似地，UART 接收到的所有数据字节都将从 UART 的缓冲区中读取，而不需要增加、删除或更改任何字节。

3. 逻辑输出

逻辑输出接口和逻辑输入接口在 RMAP 数据包中使用一个简单的协议。

每个逻辑输出地址都允许访问一个或多个信号。信号可以设置为低、高或保持不变。数据是一个字节序列，每个信号对应一个字节，其顺序如前面的接口表所示。数据值为 0 将使输出信号低，值为 255 将使输出信号高，任何其他值将保持信号不变。

如果发送的数据字节数少于信号数，则未发送数据的逻辑输出信号将不会改变。

如果发送的数据字节数多于信号数，则多余的字节将被忽略，并且不会报告任何错误。

4. 逻辑输入

返回的值为 0（信号线低）或 255（信号线高）。

5. I²C

I²C 接口在 RMAP 数据包中使用一个简单的协议。

命令：命令包括一个地址字节（最小有效位设置为 0），一个字节表示要写入的字节数（可以是零），一个字节表示要读取的字节数（可以为零）和要写入的字节（如果有的话）。

应答：读字节（如果有）如下：

<地址（lsb 清除）><写入的字节数><读取的字节数>［<写入的字节>］

6. 光纤陀螺仪接口

光纤陀螺仪（FOG）的接口需要在 I/O 板接口数据单中明确。

命令：在该命令中的 32 字节中，所有未使用的字节（32 字节中的 31 个）都必须设置为零，向总线发送非零字节。

应答：32 字节。

3.8　I/O 板连接器和引脚分配

I/O 板上的连接器位置如图 3.7 所示。CCSDS 板的原理图类似，只是由连接器 A、B、C 和 E 组成。

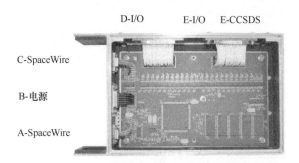

图 3.7 I/O 板电性件（©4Links Ltd.）

3.8.1 连接器 A 和 C（OBC 内部）

用于 OBC 处理器板的连接器 A 和 C 遵循 SpaceWire 标准，并通过 Micro-D 高密度连接器实现。

1. 连接器 A：主份 SpaceWire

如果 SpaceWire 链路成功与 OBC 处理器板连接，那么将被默认使用。

2. 连接器 C：备份 SpaceWire

如果主份 SpaceWire 链路未能与 OBC 处理器板建立连接，则将使用备份 SpaceWire 链路。如果主份 SpaceWire 链路成功地与 OBC 处理器板建立连接，则会禁用备份 SpaceWire 链路。

3.8.2 连接器 B（OBC 内部）

I/O 板的供电通过一个 15 针 Sub-D 高密度连接器 B 连接到 OBC 电源板，其引脚分配情况见表 3.3。

表 3.3 电源连接器引脚定义

引脚	I/O/CCSDS 板电压	加热器线和未连接（NC）引脚
1		NC
2		NC
3	GND	
4	GND	
5		加热器 2
6		NC
7		NC

（续）

引脚	I/O/CCSDS 板电压	加热器线和未连接（NC）引脚
8	GND	
9	GND	
10		加热器 1
11	+3.3V	
12	+3.3V	
13	GND	
14		加热器 4
15		加热器 3

3.8.3 连接器 D 和 E（OBC 外部）

连接器 D 和 E（或 OBC 单元上的 J5/6 和 J11/12，见图 11.4）提供 OBC 与连接的航天器设备之间的信号 I/O，连接器 E 还设计了 I/O 板的 JTAG 接口，以避免在线束安装过程中出现连接错误。

• 连接器 D 是一个 100 针的微型 D 型插座（母头）。

• 连接器 E 是一个 100 针的微型 D 型插头（公头），引脚由连接器主体保护。

信号 I/O 连接包括标准接地组和隔离接口组。标准的接地引脚都是等效的。在每个隔离组中，每个连接器的接地引脚都是等效的。

• 逻辑输入可接受 3.3V CMOS、3.3V TTL 和 5V TTL 信号。逻辑输出满足 3.3V CMOS、3.3V TTL 和 5V TTL 信号的要求。

• SW_NVRET（连接器 E）逻辑输出具有一个串联二极管，将输出限制为 3V 的电压源。

• 当缓冲区（或整个电路板）未通电时，连接器数据引脚将表现为高阻抗导线——在正常进行 I/O 操作之前，必须对这些缓冲区进行供电。

• 连接器 E 上的 JTAG 引脚通过一直供电的缓冲区连接到 FPGA，以提供 ESD 保护。

• JTAG TRST 有一个下拉电阻来保持 JTAG 复位，除非它是主动取高——编程器可能需要配置来驱动这个引脚。

连接器 D 和 E 的连接器引脚分配情况见 11.7 节（I/O 板）和 11.8 节（CCSDS 板）。

3.9 I/O 板和 CCSDS 板抗辐射能力

I/O 板和 CCSDS 板都使用 Microsemi/Actel 的 ProAsic3 FPGA 作为处理单元，作为 PQ208 包中的 A3PE3000L，该芯片提供以下抗辐射特性：

- 总电离剂量（TID）高达 15krad（Si）。
- 抗单粒子锁定（SEL）到 $LET_{TH}>6MeV \cdot cm^2/mg$。
- 抗单粒子翻转（SEU）到 $LET_{TH}>96MeV \cdot cm^2/mg$。

3.10 I/O 板和 CCSDS 板温度容限

I/O 板和 CCSDS 板的工作温度范围均为 $-40\sim+85℃$。

需要注意的是，这些限制适用于器件/硅的温度，必须考虑从这些器件到底板的热导率。

存储温度范围为 $-55\sim+105℃$。

3.11 4Links 合作开发商

4Links 感谢 Microsemi/Actel 在提供 FPGA 设计软件中的支持。

第 4 章　CCSDS 解码器/编码器板

Sandi Habinc

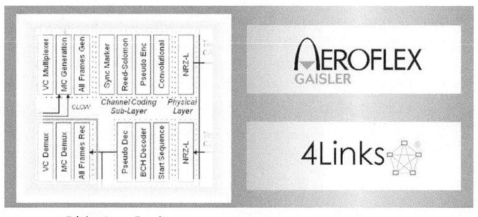

© Edelweiss - Fotolia.com

4.1　引言

在过去二十多年里，传统的空间用遥测编码和遥控解码是用硬件实现的，这也是当时星载计算机（OBC）板卡研制之初的设计思路。但随着更多处理能力的处理器相继出现（如 LEON3FT 32 位容错 SPARC™ V8 处理器），编码和解码任务可以采用软件实现，从而更容易适应标准化设计需求。2009 年末，随着欧洲技术验证卫星（PROBA-Ⅱ）的发射，软件解码技术实现在轨应用。

该 CDPI 架构中遵循的方法是，CCSDS 解码/编码的一部分在 CCSDS 解码器/编码器板上的 FPGA 硬件中执行，部分任务在软件中使用 Aeroflex Gaisler AB 提供的库以及 Aeroflex 处理器板的 RTEMS 实时操作系统完成。CCSDS 板上 FPGA 中的处理 IP 核以及 RTEMS SPARC 剪裁可用的软件库以及 LEON3FT 处理器板上运行的软件库由 Aeroflex Gaisler AB 按照通用架构进行设计。

与 I/O 接口板一样，4Links 有限公司制造的 CCSDS 解码器/编码器板也采用了相同的芯片 Microsemi/Actel RT ProASIC3 FPGA。由于 CCSDS 板仅使用到处理器板的 SpaceWire 接口、CLTU 和 CADU NRZ-L 线以及到 PCDU 的 HPC UART 接口，因此与 I/O 接口板相比，它在 PCB 上安装的接口驱动器 IC 更少。这同样适用于 PCB 上的存储设备。PCB 硬件甚至与 I/O 接口板以及处理器板接口的 SpaceWire 接口 LVDS 收发器设计共用 PCB 布局。就电子电路而言，它是"未完全填充 I/O 接口板"。CCSDS 板输出连接器引脚定义见 11.8 节。

FPGA 中加载的 IP 核由 Aeroflex Gaisler AB 提供，产品规格为 GR-TMTC-0004，整体架构基于 GRLIB VHDL IP 核库中的 IP 核。FPGA 中实现的所有功能都基于三模冗余（TMR）技术，以确保在空间环境辐射条件下具有足够高的可靠性。GR-TMTC-0004 也可用于 Microsemi/Actel ProAsic3 系列的其他封装类型和不同速度等级的其他设备。

本章主要包括 Aeroflex Gaisler CCSDS 摘录的遥测/遥控和 SpaceWire FPGA 数据表和用户手册[62]，这是 GR-TMTC-0004 产品的详细文档。摘录内容涵盖了所有 OBC 用户需要了解的内容：

- 在 CCSDS 板上安装 GR-TMTC-0004 FPGA 编程文件和适用范围。
- 在地面设备正确设置遥测/遥控链路，以连接至 OBC。

由于本章提供了遥测编码、遥控解码和高优先级遥控指令处理功能的所有必要详细信息，因此超过了其他纯硬件为主的章节的篇幅。

遥测/遥控 FPGA 设备具有以下功能：

- 兼容 CCSDS/ECSS 的遥测编码器：
  - 通过两个 SpaceWire RMAP 接口在硬件中实现多个虚拟通道。

　　–硬件中的 Reed-Solomon 和卷积编码。
* 兼容 CCSDS/ECSS 的遥控解码器：
　　–通过一个 SpaceWire RMAP 接口在硬件中实现多个虚拟通道。
　　–在硬件中实现一个带有脉冲命令的虚拟通道。
* 在硬件中启动序列搜索和 BCH 解码。

软硬件混合方法保障了系统安全性和可靠性，同时具有灵活性，以适应未来标准化需求。

这种遥测/遥控 FPGA 设计的新颖之处在于，遥测/遥控系统与 OBC 之间的通信以及有效负载是通过 SpaceWire 链路上的远程内存访问协议（RMAP）实现的。通过 RMAP 读写命令，可以监测设备状态，并可以以安全的方式（通过验证的写命令）和标准化方式（ECSS 标准）来控制设备状态。

对于遥测，空间数据包包含在 RMAP 写入命令的数据字段中。RMAP 通过 8 位数据 CRC 字段提供空间分组的额外保护，该字段可用于丢弃已接收到的任何错误分组。（空间分组本身可以包括 16 位 CRC 作为可选的分组错误控制，但这需要检查不符合分层协议方法的空间分组）。

路由是通过 RMAP 写命令的寻址功能完成的，该地址可用于区分遥测下行链路上的不同虚拟通道。对于遥控，完整的传输帧可以在 FPGA 设备和 OBC 之间移动。

FPGA 中的 RMAP 目标实现不需要本地处理器，从而简化了设计并释放了逻辑资源。CCSDS/ECSS 遥测和遥控软件堆栈通过 RMAP 处理。

4.2　架构概述

图 4.1 所示为设备的功能框图，其中，外部接口直接对应于 CCSDS 板的硬件接口：
* 图 4.1 左侧可以看到处理器板的两个 SpaceWire 接口，与 I/O 接口板一样，这两个接口在 CCSDS 板的正面实现。
* 这同样适用于电源连接器。图 4.1 中未标出供电电源。
* 图 4.1 左侧显示了遥控解码器的高优先级命令（HPC）。这里用"TC UART"引用它，因为它是作为 RS422 类型接口实现的。
* 图 4.1 右侧显示了 CLTU 遥控输入接口和 CADU 遥测接口（两者硬件均为 RS422 类型）。
　　一些接口（例如遥控输入）被物理分割成多个信号。有关说明和信号概述请参阅 4.2.9 节和图 4.2。注意，所有带 AMBA AHB 主接口的 IP 核也有用于配置和状态监控的 APB 从接口，尽管框图中没有显示。遥测和遥控规范包括以下要素：

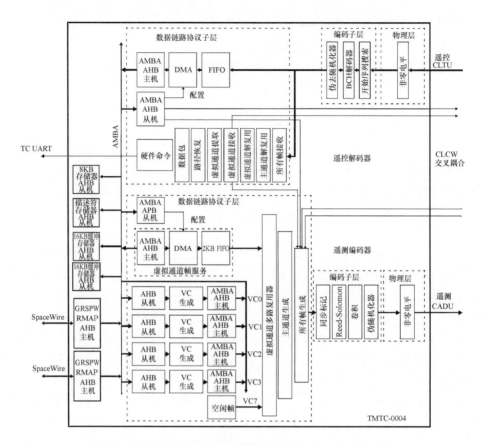

图 4.1　CCSDS 解码器/编码器框图（ⓒ Aeroflex Gaisler AB）

- 符合 CCSDS 的遥测编码器：
  - 输入：

    4 个虚拟通道 +1 个空闲帧的虚拟通道：

    通过 SpaceWire 链接访问输入。

    CCSDS 空间数据包数据（或任何自定义数据块）。

    CLCW：

    通过 SpaceWire 链接输入。

    从硬件命令内部执行 CLCW。

    CLCW 外部来自两个专用异步位串行输入。

  - 输出：

    CADU/编码的 CADU。

    非零电平编码。

    伪随机化。

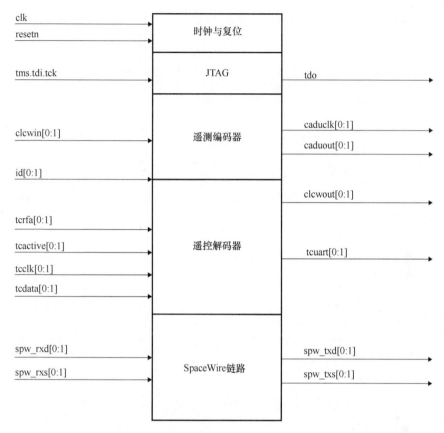

图 4.2　信号概述（ⓒAeroflex Gaisler AB）

　　Reed-Solomon 和/或卷积编码。

　　位同步输出：时钟和数据。

- 符合 CCSDS 的遥控解码器（软件命令）：
  - 硬件层：

    编码层。
  - 输入：

    自适应比特率。

    位同步输入：时钟、限定符和数据。
  - 输出：

    通过 SpaceWire 链接访问输出。

    CLTU（遥控传输帧和填充数据）。

    CLCW 内部连接至遥测编码器。

    专用异步位串行输出上的 CLCW。
- 符合 CCSDS 的遥控解码器（硬件命令）：

　－硬件层：

　　　编码层。

　　　传输层（仅限 BD 帧）。

　　　CLCW 内部连接至遥测编码器。

　　－输入：

　　　自适应比特率。

　　　位同步输入：时钟、限定符和数据。

　　　带段的遥控帧。

　　－输出：

　　　冗余 UART。

　　　专用异步位串行输出上的 CLCW。

4.2.1　接口

提供以下接口：

- 遥测

　－遥测发射机时钟输入。

　－CLCW 外部来自两个专用异步位串行输入。

　－物理层输出：

　　　两组位同步输出：时钟和数据。

- 遥控

　－物理层输入：

　　　两组位同步输入：数据、限定符（位锁定）、时钟和 RF 状态。

　－硬件命令：

　　　冗余 UART 输出。

　－专用异步位串行输出上的 CLCW（硬件命令）。

　－专用异步位串行输出上的 CLCW（软件命令）。

- 系统级

　－系统时钟和复位。

　－SpaceWire 链路，支持 RMAP 遥测和遥控。

4.2.2　命令链路控制字耦合

作为特殊功能，CCSDS 解码器/编码器在两个冗余板之间提供命令链路控制字（CLCW）耦合（也称为 RS422）的外部路由，因此，如果航天器的一个发射机发生故障，接收到的命令的 CLCW 仍可通过冗余发射机链路进行下传。这将大大简化了命令链 FDIR。

4.2.3　时钟和复位

系统时钟采用外部单独的时钟实现，遥测发射机时钟和 SpaceWire 发射机时钟采用系统时钟。设备通过单个外部复位输入信号复位，无需与系统时钟输入同步。

4.2.4　性能

基于 10MHz 系统时钟，遥测下行链路速率通过编程可以设置并可至少达到 2Mbit/s。支持至少 100kbit/s 的远程命令上行链路速率。

基于 10MHz 系统时钟，支持 SpaceWire 链路速率至少达到 10Mbit/s。基于 10MHz 输入时钟，支持系统时钟频率至少达到 10MHz。

4.2.5　遥测编码器

CCSDS 遥测编码器用于实现包括协议子层、同步和编码子层以及数据包遥测编码器协议的物理层在内的数据链路层。

遥测编码器由多个编码器和调制器组成，用于实现适应空间数据系统协商委员会（CCSDS）建议、欧洲空间标准化合作组织（ECSS）和欧洲航天局（ESA）程序以及标准和规范（PSS）需求的遥测和信道编码程序。

遥测编码器实现了可通过 SpaceWire 链路访问的四个虚拟通道。虚拟通道通过 SpaceWire RMAP 协议接受 CCSDS 空间数据包数据[27] 作为输入。另一个虚拟通道仅用于空闲帧。

在 FLP 卫星项目中，使用了"虚拟通道生成功能输入接口"，见 4.3.12 节。只需要正确使用寄存器将 CCSDS 空间数据包提交给编码器以及相应的激活和控制寄存器即可，简化了软件设计师对虚拟通道的处理。这些在 4.3 节中将进一步描述。

4.2.5.1　遥测编码器规范

以下数据链路协议子层[26] 功能（CCSDS-131.0）未在硬件中实现：

- 数据包处理。
- 虚拟通道帧服务（另请参阅虚拟通道 0、1、2 和 3）。
- 主通道帧服务（仅支持单个航天器标识符）。
- 主通道多路复用（仅支持单个航天器标识符）。

以下数据链路协议子层功能（CCSDS-131.0）在硬件中实现：

- 虚拟通道生成（针对虚拟通道 0、1、2 和 3）。
- 虚拟通道生成（仅用于空闲帧生成，例如虚拟通道 7）。
- 虚拟通道多路复用。
- 主通道生成。

- 所有帧生成。
- 多路复用四个 CLCW 源，其中两个外部通过异步位串行接口。

同步和信道编码子层[24]功能（CCSDS-130.0）在硬件中实现：

- 附加同步标记。
- Reed-Solomon 编码。
- 伪随机化器。
- 卷积编码。

该物理层[21]功能（ECSS-E-ST-50-05C）在硬件中实现：

- 非归零电平调制（NRZ-L）。

遥测编码器固定配置如下：

- 固定传输帧格式，版本 00b，数据包遥测。
- 固定传输帧长度为 1115 个八比特组。
- 所有虚拟通道的通用主通道帧计数器。
- 固定主份附加同步标记使用。
- 固定 2KB 遥测传输 FIFO。
- 修复了每个虚拟通道 0、1、2 和 3 的 8KB 片上 EDAC 保护 RAM 内存。

遥测编码器的可编程参数包括：

- 遥测航天器标识符。
- 遥测 OCF/CLCW 启用。
- 遥测无可用 RF 和 CLCW 中无位锁定位，从输入引脚覆盖。
- 遥测 Reed-Solomon 启用（E=16 编码，交织深度为 5，160 个校验符号）。
- 遥测伪随机启用。
- 遥测卷积编码器启用和速率。
- 遥测传输速率。

遥测编码器未实现以下功能：

- 无帧错误控制字段（FECF）/CRC。
- 不支持高级轨道系统（AOS)(也不支持插入区（AOS）和帧头错误控制（FHEC))。
- 无传输帧二级报头（也无扩展虚拟通道帧计数器）。
- 无 Turbo 编码。
- 无分相电平调制。
- 无子载波调制。

4.2.5.2　虚拟通道 0、1、2 和 3

虚拟通道 0、1、2 和 3 在硬件中实现，不需要任何软件支持。数据通过 SpaceWire RMAP 命令输入，见 4.3.12 节和 4.6 节。

实现了以下数据链路协议子层[26]功能（CCSDS-132.0）：

- 虚拟通道生成。
  - -传输帧主标题插入。
  - -传输帧数据字段插入。
  - -首导头指针（FHP）处理和插入。
  - -每个虚拟通道缓冲两个完整的传输帧。
  - -CCSDS 空间数据包[27]数据（CCSDS-133.0）输入（或用户定义的数据块）。

4.2.5.3　虚拟通道 7

空闲帧使用标识符 7 在单独的虚拟通道上生成，见 4.3.3.4 节。

4.2.6　遥控解码器

CCSDS 遥控解码器实现包括协议子层、同步和编码子层，以及数据包遥控解码器协议的物理层在内的部分数据链路层。

遥控解码器支持软件中更高协议层的解码，可通过 SpaceWire 链路访问。它还支持硬件命令的硬件解码（见 4.5 节），CLCW 是为片上遥测编码器生成的。

4.2.6.1　遥控解码器规范

以下数据链路同步和信道编码子层[34]功能（CCSDS-231.0）在硬件中实现：

- 伪去随机化。
- BCH 代码块解码。
- 启动序列搜索。

  以下物理层[21]功能（ECSS-E-ST-50-05C）在硬件中实现：

- 非归零电平（NRZ-L）去调制。

  遥控解码器固定配置如下：

- 固定遥控解码器支持 CCSDS/ECSS 功能，而非 ESA PSS 标准和规范。

  遥控解码器提供以下固定配置值：

- 遥控（硬件命令）航天器标识符。
- 遥控（硬件命令）虚拟通道标识符（位 1 取自输入引脚）。
- 禁用遥控伪随机化。
- 遥控 NRZ-L 已启用。
- 遥控射频可用指示灯，正极。
- 遥控激活信号（位锁定），正极。
- 遥控位时钟激活，上升沿。

遥控解码器具有来自应答器等的多个单独的串行输入流，包括串行数据、时钟、通道活动指示器（位锁定）和可用的射频载波。输入流是自适应的。

4.2.6.2　软件虚拟通道

遥控解码器硬件和软件之间的接口是带有 RMAP 的 SpaceWire 链路。软件产生的 CLCW 通过遥控解码器 CLCW 寄存器输入到遥测编码器（CLCWRn），见 4.4.9 节，请使用带有 RMAP 的 SpaceWire 链路，将相同的信息输出到适合于跨接的异步位串行输出上。

更高的协议级别在软件中实现。这些软件遥控指令存储在内存中，可以通过 SpaceWire 接口访问。遥控解码器更高层的软件实现允许实现灵活性和适应未来的标准增强，见 4.4 节和 4.6 节。

4.2.6.3　硬件虚拟通道

硬件命令的单独虚拟通道在硬件中实现，无需软件支持。硬件命令输出在两个串行 UART 端口上。硬件命令在传输帧数据字段的段数据字段内作为空间数据包携带，并且传输帧包括帧错误控制字段（FECF/CRC）。

应用程序层功能未在硬件中实现。

空间数据包协议层[27]功能（CCSDS-133.0）未在硬件中实现。此数据链路协议子层[35]功能（CCSDS-232.0）在硬件中实现：

- 虚拟通道数据包提取。
- 虚拟通道段提取。
- 虚拟通道接收：
  - 支持命令链路控制字（CLCW）。
- 虚拟通道解复用。
- 主通道解复用。
- 所有帧接收：
  - 帧分割和填充删除程序。
  - 帧验证检查过程，按此顺序。

CLCW 自动传输到片上遥测编码器，相同的信息输出到适合跨接的异步位串行输出上。

硬件遥控完全在硬件中实现，不需要任何软件，因此可用于关键操作。详情见 4.5 节。

4.2.7　SpaceWire 链路接口

SpaceWire 链路在片上总线和 SpaceWire 网络之间提供了一个接口。它们实现了带有协议识别扩展[13]的 SpaceWire 标准[12]。RMAP 命令处理程序实现 ECSS 标准[14]。

4.2.8　片上存储器

FPGA 中提供了两个 16KB 的片上易失性存储器，用于临时存储每个遥测虚拟通道 0~3 的 7 个遥测传输帧，以及一个专用的硬编码描述符存储器，每个通道包含 7 个描述符。另外，提供 8KB 片上易失性存储器，用于遥控数据。所有内存均受 EDAC 保护。既不实现自动清理，也不实现错误计数器。

4.2.9　信号概述

遥测编码器和遥控解码器的信号概述如图 4.2 所示。

功能信号见表 4.1。请注意，索引 0 是遥测/遥控信号的 MSB。

有关所应用 IP 核、中断、存储器映射和信号的更多详细信息见参考文献 [62]。

表 4.1　外部信号

名称	使用	方向	极性	复位
clk	系统时钟（也是 SpaceWire 和遥测传输时钟）	输入	上升沿	—
resetn	系统复位	输入	低电平	—
tck	JTAG 时钟	输入	—	—
tms	JTAG TMS	输入	高电平	—
tdi	JTAG TDI	输入	高电平	—
tdo	JTAG TDO	输出	高电平	—
caduclk[0:1]	遥测 CADU 串行位时钟输出	输出	—	低电平
caduout[0:1]	遥测 CADU 串行位数据输出	输出	—	低电平
id[0:1]	标识符（id[1] 与遥控硬件命令虚拟通道标识符和 SpaceWire 节点地址一起使用）	输入	—	—
tcrfa[0:1]	遥控 CLTU 射频可用指示器	输入	—	—
tcactive[0:1]	遥控 CLTU 输入激活指示器（位锁定）	输入	—	—
tcclk[0:1]	遥控 CLTU 串行位时钟输入	输入	—	—
tcdata[0:1]	遥控 CLTU 串行位数据输入	输入	—	—
tcuart[0:1]	遥控（硬件命令）UART 输出	输出	—	高电平
clcwin[0:1]	遥测 CLCW 异步位串行输入	输入	—	—
clcwout[0:1]	遥测 CLCW 异步位串行输出	输出	—	高电平
spw rxd[0:1]	数据输入	输入	高电平	—
spw rxs[0:1]	选通输入	输入	高电平	—
spw txd[0:1]	数据输出	输出	高电平	低电平
spw txs[0:1]	选通输出	输出	高电平	低电平

4.3　遥测编码器

4.3.1　概述

CCSDS/ECSS/PSS 遥测编码器实现了数据链路层的一部分，涵盖了数据包遥测编码器协议的协议子层和帧同步编码子层以及物理层的一部分。遥测编码器的操作可通过控制寄存器进行高度编程。遥测编码器由几个编码器和调制器组成，这些编码器和调制器执行空间数据系统咨询委员会（CCSDS）的建议，欧洲空间标准化合作组织（ECSS）和欧洲航天局（ESA）的遥测和信道编码程序、标准和规范（PSS）。编码器包括以下内容：

- 数据包遥测编码器（TM）。
- Reed-Solomon 编码器。
- 伪随机化器（PSR）。
- 非归零电平（NRZ-L）编码器。
- 卷积编码器（CE）。
- 时钟分频器（CD）。

　　请注意，SpaceWire 输入接口将单独介绍。SpaceWire 接口和相应的虚拟通道生成功能和缓冲存储器未显示在图 4.3 所示的框图中，就像 CLCW 多路复用功能一样。

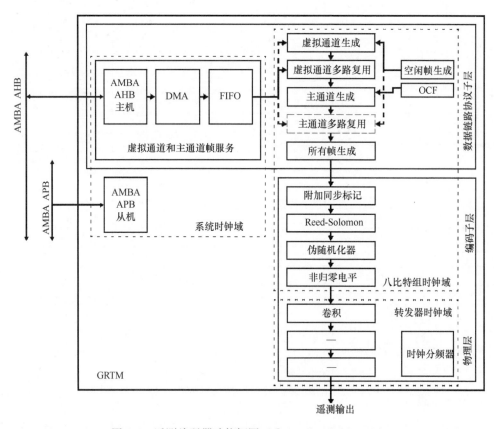

图 4.3　遥测编码器功能框图（ⓒAeroflex Gaisler AB）

4.3.2　数据链路子层

数据包遥测标准与开放系统互连（OSI）参考模型之间的关系使得 OSI 数据链路层对应于两个单独的层，即数据链路协议子层与同步和信道编码子层。

4.3.2.1　数据链路协议子层

以下功能未在内核中实现：

- 数据包处理。
- 虚拟通道帧服务（另请见虚拟通道 0、1、2 和 3）。
- 主通道帧服务（仅支持单个航天器标识符）。
- 主通道多路复用（仅支持单个航天器标识符）。

以下功能在内核中实现：

- 虚拟通道生成（适用于虚拟通道 0、1、2 和 3）。
- 虚拟通道生成（仅适用于空闲帧生成，例如虚拟通道 7）。
- 主通道生成（适用于所有帧）。
- 所有帧生成（适用于所有帧）。

4.3.2.2　同步和通道编码子层

以下功能在内核中实现：

- 附加同步标记。
- Reed-Solomon 编码。
- 伪随机化器。
- 卷积编码。

4.3.2.3　物理层

以下功能在内核中实现：

- 非归零电平调制。

4.3.3　数据链路协议子层

4.3.3.1　物理通道

物理通道的配置涵盖以下参数：

- 传输帧长度固定为 1115 个八比特组。
- 传输帧版本号固定为 0，即数据包遥测。

4.3.3.2　虚拟通道帧服务

虚拟通道帧服务没有实现，除非支持虚拟通道 0、1、2 和 3。

4.3.3.3　虚拟通道生成：虚拟通道 0、1、2 和 3

每个虚拟通道 0、1、2 和 3 都有一个虚拟通道生成功能。每个通道都有一个片上内存缓冲区，以存储七个完整的传输帧。每个虚拟通道生成功能从

SpaceWire 接口接收数据，这些数据存储在受 EDAC 保护的片上内存缓冲区中（见 4.3.12 节）。

该功能支持：

- 传输帧主标题插入。
- 传输帧数据字段插入（由于 OCF 支持不同长度）。
- 首导头指针（FHP）处理和插入。

该功能跟踪接收的八比特组数和数据包边界，以便计算 FHP。数据存储在包含完整传输帧的缓冲区内存预分配的插槽中。该模块完全支持 FHP 生成，不需要将数据包与传输帧数据字段边界对齐。分配给每个虚拟通道的缓冲内存空间被视为循环缓冲区。该功能通过片上缓冲内存与虚拟通道帧服务通信。

数据输入格式可以是 CCSDS 空间数据包[27]或任何用户定义的数据块（见 4.3.12 节）。

虚拟通道 0、1、2 和 3 的虚拟通道生成功能通过 GRTM DMA 外部虚拟通道控制寄存器启用。传输通过虚拟通道帧服务（即 DMA 功能）自动完成。

4.3.3.4　虚拟通道生成：空闲帧——虚拟通道 7

虚拟通道生成功能用于为空闲帧生成虚拟通道计数器，如下所述。

4.3.3.5　虚拟通道多路复用

虚拟通道多路复用功能用于主通道不同虚拟通道的多路复用传输帧。内核中虚拟通道多路复用在两个源之间执行：虚拟通道生成功能（虚拟通道 0、1、2 和 3）和空闲帧（虚拟通道 7）。请注意，不同虚拟通道之间的多路复用被认为是内核之外的虚拟通道帧服务的一部分，即在虚拟通道 0、1、2 和 3 的硬件中完成。下文将描述空闲帧生成。

虚拟通道 0、1、2 和 3 之间的带宽分配在硬件中完成，并且这些通道之间的带宽相等，见 4.3.11 节和参考文献［62］。只有当没有其他虚拟通道需要发送任何内容时，才会向虚拟通道 7 分配带宽。如果一个虚拟通道没有要发送的数据，那么下一个虚拟通道可以发送。

空闲帧生成可以通过寄存器启用和禁用。用于空闲帧的航天器 ID 可通过寄存器进行编程。用于空闲帧的虚拟通道 ID 可通过寄存器（例如虚拟通道 7）进行编程。

空闲帧的主通道计数器生成可以通过寄存器启用和禁用。请注意，也可以生成主通道计数器字段，作为下一节中描述的主通道生成功能的一部分。当为空闲帧启用主通道计数器生成时，将绕过主通道生成功能中的生成。

4.3.3.6　主通道生成

主通道计数器为主通道上的所有帧生成。

操作控制字段（OCF）由 32 位输入生成，通过遥控解码器——软件命令或内部遥控解码器——硬件命令的命令链路控制字（CLCW）输入生成（见 4.4.9 节）。这是为主通道（MC OCF）上的所有帧完成的。

传输顺序每四个传输帧重复一次，如下所示：

- 来自内部软件命令寄存器的 CLCW（遥控解码器 CLCW 寄存器 1（CLCWR1），详细信息见 4.4.9 节）在传输帧中传输，传输帧主通道计数器值以位 0b00 结尾。
- 来自内部硬件命令的 CLCW 在传输帧中传输，传输帧主通道计数器值以位 0b01 结尾。
- 来自外部异步位串行接口输入 clcwin［0］的 CLCW 在传输帧中传输，传输帧主通道计数器值以位 0b10 结尾。
- 来自外部异步位串行接口输入 clcwin［1］的 CLCW 在传输帧中传输，传输帧主通道计数器值以位 0b11 结尾。

请注意，上述顺序取决于静态输入引脚 ID 的状态。如果 ID 是逻辑零，则应用上述方案，否则前两个条目将与最后两个条目交换。

请注意，CLCW 和特定于项目的 OCF 的 16 位（无 RF 可用）和 17 位（无位锁定）取自离散输入 tcrfa［］和 tcactive［］上携带的信息。

- 主通道帧服务未实现。
- 主通道多路复用功能未实现。

4.3.3.7　所有帧生成

所有帧生成功能在物理通道的所有传输帧上运行。

4.3.4　同步和通道编码子层

4.3.4.1　附加同步标记

根据参考文献［19, 25］，32 位附加同步标记被放置在每个传输帧的前面。

4.3.4.2　Reed-Solomon 编码器

CCSDS 建议[25]和 ECSS 标准[19]指定了 Reed-Solomon 代码，一个（255, 223）代码。ESA PSS 标准[40]仅指定了前一个代码。虽然文档的定义风格不同，但（255, 223）代码在所有三个文档中都是相同的。本文档中使用的定义基于 ESA PSS 标准[40]。详情见参考文献［62］。

4.3.4.3　伪随机化器

伪随机化器（PSR）根据参考文献［19, 25］生成位序列，该序列与之前编码器的数据输出相关。此功能允许在通道上获取所需的位转换密度，以便允许地面接收器保持位同步。实施细节见参考文献［62］。

4.3.4.4　卷积编码器

卷积编码器（CE）实现了基本的卷积编码方案。ESA PSS 标准[40]规定了一个不穿孔的基本卷积代码。CCSDS 建议[25]和 ECSS 标准[19]中也规定了这个基本的卷积码，另外还指定了一个穿孔卷积码。有关实现的详细信息，请见参考文献 [62]。

4.3.5 物理层

4.3.5.1 非归零电平编码器

非归零电平（NRZ-L）编码器根据参考文献 [21] 对来自先前编码器的位数据流进行差分编码。波形如图 4.4 所示。数据和附加同步标记（ASM）都会受到编码的影响。如果未启用编码器，则默认情况下对位数据流进行非归零电平编码。

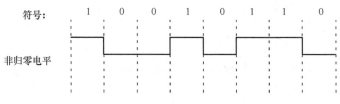

图 4.4   非归零电平波形

4.3.5.2 时钟分频器

时钟分频器（CD）为遥测和通道编码链提供时钟使能信号。时钟使能信号用于控制不同编码器和调制器的比特率。比特率频率的源是系统时钟输入。系统时钟输入可分为 2^{15} 度。该分频器可在工作期间进行配置，以将系统时钟频率从 1/1 分频至 $1/2^{15}$。比特率频率基于编码链中最后一个编码器的输出频率，子载波调制器除外。由于使用了时钟使能信号，因此不执行实际的时钟分频。内核中不执行时钟多路复用。时钟分频器设置的详细信息见参考文献 [62]。

4.3.6 连接性

数据包遥测编码器的输出可以连接到以下后处理：

- Reed-Solomon 编码器。
- 伪随机化器。
- 非归零编码器。
- 卷积编码器。

处理模块可以与具有一定后处理器排序可变性的链对齐。参考文献 [62] 介绍了这些处理器之间可能的 I/O 链连接。

4.3.7 操作

遥测编码器 DMA 接口为用户提供了在数据包遥测和 AOS 编码器中插入传输

帧的方法。根据编码器中启用的功能，编码器将覆盖传输帧的各个字段。也可以通过与每个传输帧关联的描述符中的控制位来绕过每个传输帧的这些功能。DMA 接口允许实现虚拟通道帧服务和主通道帧服务，或两者兼而有之，具体取决于启用或绕过哪些功能。

4.3.7.1　描述符设置

发射器 DMA 接口用于在下行链路上传输传输帧。传输是使用位于内存中的描述符完成的。

单个描述符见表 4.2 和表 4.3。为寄存器 DMA 长度寄存器的长度字段中的所有传输帧全局设置要发送的字节数。描述符的地址字段应指向传输帧的开头。地址必须与字对齐。如果设置了中断启用（IE）位，则在发送传输帧时将生成中断（这要求还设置控制寄存器中的发射器中断启用位）。无论传输帧是否成功传输，都将生成中断。包装（WR）位也是传输前应设置的控制位，本节稍后将对此进行解释。为了启用描述符，应使能启用（EN）位，并在完成这一操作后，在内核清除启用位之前，不应对描述位进行任何操作。

表 4.2　GRTM 传输描述符字 0（地址偏移量 0×0）

31　　　16	15	14	13　10	9	8	7	6	5	4	3	2	1	0
RESERVED	UE	TS	000	VCE	MCB	FSHB	OCFB	FHECB	IZB	FECFB	IE	WR	EN
31:16	保留												
15	欠载运行错误（UE）—传输帧时发生欠载（仅状态位）												
14	时间选通（TS）—生成此帧的时间选通												
13:10	保留												
9	虚拟通道计数器启用（VCE）—启用虚拟通道计数器生成（使用空闲帧虚拟通道计数器）												
8	主通道计数器旁路（MCB）—旁路主通道计数器生成（仅限遥测）												
7	帧辅助标头旁路（FSHB）—旁路帧辅助标头生成（仅限遥测）												
6	操作控制现场旁路（OCFB）—旁路操作控制字段生成												
5	帧错误标头控制旁路（FECHB）—旁路帧错误标头控制生成（AOS）												
4	插入区域旁路（IZB）—旁路插入区域生成（AOS）												
3	帧错误控制字段旁路（FECFB）—旁路帧错误控制字段生成												
2	中断启用（IE）—当发送来自此描述符的帧时，将生成中断，前提是设置了控制寄存器的发射器中断启用位。无论帧传输成功还是终止错误，都会生成中断												
1	包装（WR）—设置为 1 可使描述符指针在使用此描述符后包装回零。如果未设置此位，指针将递增 8。当达到描述符表的 1KB 边界时，指针自动包装回零												
0	使能启用（EN）—设置为 1 以启用描述符。应始终设置在所有描述符字段的最后												

表 4.3   GRTM 传输描述符字 1（地址偏移量 0×4）

31	2 1 0
ADDRESS	RES

31:2	地址（ADDRESS）—指向将从中加载数据包数据的缓冲区的指针
1:0	保留

4.3.7.2   启动传输

启用描述符不足以启动传输。必须首先在内核中设置指向包含描述符的内存区域的指针。这是在发射器描述符指针寄存器中完成的。地址必须与 1KB 边界对齐。位 31~10 保存描述符区域的基址，而位 9~3 形成指向单个描述符的指针。第一个描述符应位于基址，当内核使用它时，指针字段递增 8 以指向下一个描述符。当到达下一个 1KB 边界时，指针将自动包装回零（地址偏移量 0×3F8 处的描述符已被使用）。描述符中的 WR 位可以设置为使指针在 1KB 边界之前包装回零。

指针字段也已变为可写，以实现最大的灵活性，但要小心应在写入描述符指针寄存器时使用。当变速器处于活动状态时，不应触动它。

激活传输的最后一步是对 DMA 控制寄存器中传输使能位置位为"1"。用于告知计算机内核，描述符表中有更多活动描述符。当启用新描述符时，应始终保持传输使能位置位为"1"，即使传输已经激活。在设置传输使能位之前，必须始终启用描述符。

4.3.7.3   传输后的描述符处理

帧传输完成后，状态写入相应描述符中的第一个字。如果 FIFO 在帧完全传输之前变空，则设置欠载运行错误位。传输后，第一个描述符字中的其他位设置为零，而第二个字保持不变。当描述符可以再次使用时，即当它被内核清除时，启用位将用作指示器。

DMA 状态寄存器中有多个位保存传输状态。

每次传输帧的 DMA 传输成功结束时，都会设置发射器中断（TI）位。每次传输帧的 DMA 传输以欠载运行错误结束时，都会设置发射器错误（TE）位。对于任一事件，都会为描述符中设置了中断启用（IE）的传输帧生成中断（仅限虚拟通道 0~2）。中断可通过控制寄存器中的中断启用（IE）位屏蔽。

当读取描述符或读取传输帧数据时遇到 AMBA AHB 错误时，设置发射器 AMBA 错误（TA）位。任何活动传输都被中止，DMA 通道被禁用。这可能是任何虚拟通道导致 DMA 访问的结果。建议在 AMBA AHB 错误后复位遥测编码器。中断可通过控制寄存器中的中断启用（IE）位屏蔽。

无论传输帧是通过 DMA 接口发送的还是由内核生成的, 只要发送了传输帧, 就会设置发送的传输帧 (TFS) 位。可以使用控制寄存器中的传输帧中断启用 (TFIE) 位屏蔽中断。任何虚拟通道都会导致此中断。

每当传输帧因其他原因而失败时, 即会设置传输帧故障 (TFF) 位, 例如当未启用空闲帧生成且没有用户传输帧准备好传输时, 无论传输帧是通过 DMA 接口发送还是由内核生成。可以使用控制寄存器中的传输帧中断启用 (TFIE) 位屏蔽中断。

在启用 DMA 传输时设置传输帧进行中 (TFO) 位, 并且在禁用 DMA 传输后, 直到所有 DMA 引起的传输帧都传输完毕, 才清除该位。

每次传输帧的 DMA 传输成功结束 (此处未使用) 时, 都会设置外部发射器中断 (XTI) 位。每次传输帧的 DMA 传输以欠载运行错误结束时, 都会设置外部发射器错误 (XTE) 位 (仅适用于虚拟信道 0~3)。

4.3.8　寄存器

内核通过映射到 APB 地址空间的寄存器进行编程 (见表 4.4)。

表 4.4　GRTM 寄存器

APB 地址偏移量	寄存器
0×00	GRTM DMA 控制寄存器
0×04	GRTM DMA 状态寄存器
0×08	GRTM DMA 长度寄存器
0×0C	GRTM DMA 描述符指针寄存器
0×10	GRTM DMA 配置寄存器
0×14	GRTM DMA 修订寄存器
0×20	GRTM DMA 外部虚拟通道控制和状态寄存器
0×2C	GRTM DMA 外部虚拟通道描述符指针寄存器
0×80	GRTM 控制寄存器
0×84	GRTM 状态寄存器 (未使用)
0×88	GRTM 配置寄存器
0×90	GRTM 物理层寄存器
0×94	GRTM 编码子层寄存器
0×98	GRTM 附加同步标记 (未使用)
0×A0	GRTM 所有帧生成寄存器

（续）

APB 地址偏移量	寄存器
0×A4	GRTM 主帧生成寄存器
0×A8	GRTM 空闲帧生成寄存器
0×C0	GRTM FSH/插入区域寄存器 0（未使用）
0×C4	GRTM FSH/插入区域寄存器 1（未使用）
0×C8	GRTM FSH/插入区域寄存器 2（未使用）
0×CC	GRTM FSH/插入区域寄存器 3（未使用）
0×D0	GRTM 操作控制字段寄存器（未使用）

在 11.3 节中，仅详细描述了一些寄存器，这些寄存器对于斯图加特大学卫星 OBSW 访问遥测编码器至关重要。关于完整寄存器集的详细信息，请参阅参考文献［62］。

4.3.9　信号定义和复位值

信号及其复位值见表 4.5。其中，关键是"可用射频链路"和"位锁定"，以便在射频地面链路真正建立之前开始传输。

表 4.5　信号定义和复位值

信号名称	类型	功能	有效复位值	
tcrfa[ ]	输入，异步	可用射频链路	—	—
tcactive[ ]	输入，异步	位锁定	—	—
caduout[ ]	输出	串行位数据，在 CADU 时钟边沿输出（可选）	—	—
caduclk[ ]	输出	串行位数据时钟	上升沿	逻辑 0
clcwin[ ]	输入	CLCW 数据输入	—	—

4.3.10　遥测编码器：虚拟通道生成

CCSDS/ECSS/PSS 遥测编码器虚拟通道生成功能实现：

- 传输帧主标头插入。
- 传输帧数据字段插入（由于 OCF 和 FECF，支持不同长度）。
- 首导头指针（FHP）处理和插入。

该功能跟踪接收的八比特组数和数据包边界以计算首导头指针（FHP）。数据存储在包含完整传输帧的缓冲存储器中预先分配的插槽中。该模块完全支持

FHP 生成，不需要将数据包与传输帧数据字段边界对齐。

数据输入格式可以是 CCSDS 空间数据包[27]或任何用户定义的数据块。数据通过单独的虚拟通道生成功能输入接口输入。

该功能通过缓冲存储器空间与遥测编码器虚拟通道帧服务通信。分配给虚拟通道的缓冲区内存空间被视为循环缓冲区。缓冲存储器空间通过 AMBA AHB 主接口访问。

4.3.11　遥测编码器：描述符

CCSDS/ECSS/PSS 遥测编码器描述符为硬件中实现的外部遥测虚拟通道实现自动描述符处理程序（遥测编码器虚拟通道生成功能），不需要软件支持。详情可见参考文献 [62]。

4.3.12　遥测编码器：虚拟通道生成功能输入接口

遥测编码器虚拟通道生成功能输入接口实现了指向遥测编码器的自动虚拟通道生成功能（也称为外部虚拟通道）的接口。可以输入空间数据包或任何其他用户定义的数据块。它是用户生成遥测的基本界面。

通过写入 AHB I/O 区域中的 AMBA AHB 从机接口，数据传输至虚拟通道生成功能。只有在断言数据包有效分隔符时才可以写入，否则访问会导致 AMBA 访问错误。按照关于发送顺序的 AMBA 大端约定，可以一次传输一个、两个或四个字节。最后写入的数据可以通过 AMBA AHB 从机接口读回。数据作为八比特组输出到虚拟通道生成功能。

如果之前写入访问的数据尚未通过接口完全传输，则新的写入访问将导致 AMBA 重试响应。可通过 AMBA APB 从机接口监控接口进度。当上次写入访问的数据已传输时，会生成中断。当断言准备输入数据包指示符时，也会生成中断。

内核包含状态和监控功能，可通过 AMBA APB 从机接口访问。这包括：
- 来自虚拟通道生成功能的忙碌和就绪信号。
- 中断为新字准备好，或为新数据包准备好（大小为 2048 个八比特组）。

接口实现了两个中断：

索引	名称	描述
0	空闲	准备好新数据（字，半字，字节）
1	准备好	准备好新数据包

该功能的控制寄存器见 11.4 节。

4.4　遥控解码器：软件命令

4.4.1　概述

遥控解码器（GRTC）符合参考文献［43，44］定义的分组遥控协议和规范。解码器还与参考文献［30-33］中规定的 CCSDS 建议兼容。遥控解码器（GRTC）仅实现编码层（CL）（见图 4.5）。

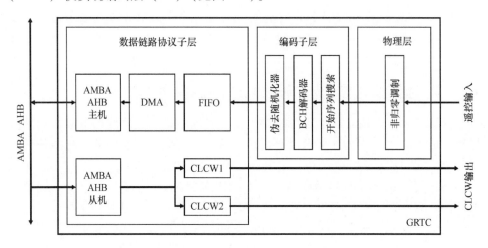

图 4.5　遥控解码器框图（© Aeroflex Gaisler AB）

在编码层（CL）中，遥控解码器接收多信道输入上的位数据流。假设流是根据物理层规范生成的。在编码层，解码器同时搜索所有输入流，直到检测到开始序列。仅选择一个通道输入进行进一步接收。选定的流进行了位错误纠正，并将得到的纠正信息传递给用户。编码层中接收到的校正信息通过直接内存访问（DMA）传输到星载处理器。

命令链路控制字（CLCW）和帧分析报告（FAR）可以通过 AMBA AHB 总线作为寄存器读取和写入。两个寄存器的部分由编码层（CL）生成。CLCW 自动传输至遥测编码器（TM），以传输至地面。

请注意，CLCW 和 FAR 的大部分部件不是由遥控解码器（GRTC）硬件部件产生的。相反，这是由解码器的软件部分完成的。

4.4.1.1　概念

此概念中的遥控解码器主要由星载处理器中的软件实现（见图 4.6）。GRTC 内核中的支持硬件实现了编码层，其中包括同步模式检测、信道选择、代码块解码、直接内存访问（DMA）功能和校正代码块的缓冲。硬件还提供了一个寄存器，通过该寄存器，遥测编码器可以使用 CLCW。CLCW 将由软件生成。

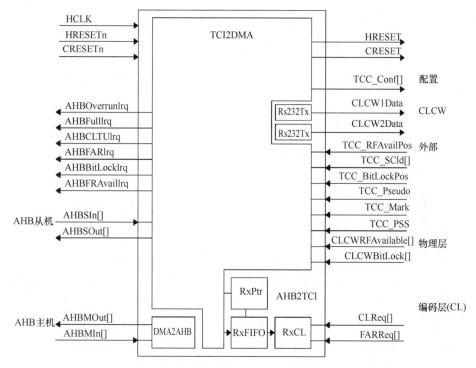

图 4.6　概念框图（© Aeroflex Gaisler AB）

GRTC 被分割成几个时钟域，以促进更高的比特率和分区。由此产生的两个子核被命名为遥控通道层（TCC）和遥控接口（TCI）。请注意，TCI 称为 AHB2TCI。根据最新可用标准，从传输层开始，可以在软件级实现完整的 CCSDS 分组遥控解码器。

4.4.1.2　功能和选项

遥控解码器（GRTC）仅实现分组遥控解码器标准的编码层[43]。所有其他层将在软件中实现，例如认证单元（AU）。未执行命令脉冲解码单元（CPDU）。如第 1 章所述，对于 CDPI 体系结构，不需要命令脉冲分配单元。

GRTC 的以下功能可通过寄存器编程：

- 伪去随机化。
- 非归零标记解码。

GRTC 的以下功能是引脚可配置的：

- 可用射频极性和位锁定输入。
- 输入通道时钟的边沿选择。

作为 CCSDS 板硬件设计师，4Links 有限公司相应地应用了引脚可配置设置。

4.4.2　数据格式

遥控输入协议波形如图 4.7 所示。

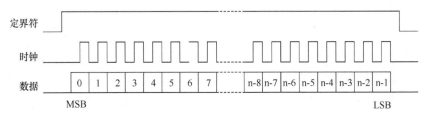

图 4.7　遥控输入协议波形（©Aeroflex Gaisler AB）

4.4.3　编码层

编码层（CL）同步传入的位数据流，并为命令链路传输单元（CLTU）提供纠错功能。编码层接收脏位数据流以及关于多个输入通道的物理通道是活动还是非活动的控制信息。

按照标准对物理层的规定，位数据流假定为非归零电平（NRZ-L）编码，也可以是非归零调制（NRZ-M）编码。当输入通道处于非活动状态时，未假定输入时钟信号的周期性或连续性。首先接收最高有效位（根据参考文献［43］，为位 0）。

搜索开始序列，编码层找到 CLTU 的开始并对随后的代码块进行解码。只要没有检测到错误，或者检测到并纠正了错误，编码层就会将干净的数据块传递给软件实现的传输层。当遇到具有不可纠正错误的代码块时，它被视为尾序列，其内容被丢弃，编码层返回到开始序列搜索模式。

编码层还提供 FAR 的状态信息，可以根据参考文献［30］启用可选的去随机化器。

4.4.3.1　输入通道的同步和选择

同步是通过逐位搜索通道输入上的开始序列来执行的。开始序列的检测可以容忍开始序列模式中的任何一个位错误。编码层搜索指定模式和反转模式。当检测到反向的开始序列模式时，后续位数据流被反向，直到检测到尾序列。

通过同时搜索所有活动通道来完成检测。为 CLTU 解码选择找到开始序列的第一个输入通道。选择机制在发生以下任何事件时重新启动：

- 输入通道活动信号无效。

- 检测到尾序列。
- 检测到代码块拒绝。
- 检测到废弃的 CLTU，或时钟超时过期。

作为输入故障时的保护机制，为所有选择模式提供时钟超时。当在解码模式下选定输入通道的位时钟输入在指定时间段内未检测到边缘时，时钟超时无效。

当时钟超时无效时，相关输入通道将被忽略（即被视为非活动），直到其活动信号视为无效（可配置为 gTimeoutMask = 1）。［未实施］

4.4.3.2　代码块解码

接收到的代码块使用标准[56,63] 修改的 BCH 码进行解码。接收到的码块中的任何单位错误都会被纠正。如果检测到多个位错误，则代码块将被拒绝作为尾序列。有关单个错误更正计数和接受代码块计数的信息被提供给 FAR。有关所选通道输入的信息通过寄存器提供。

4.4.3.3　去随机化器

为了与接收到的遥控信号保持位同步，输入信号必须具有最小的位转换密度。如果通过其他方法不能确保通道具有足够的比特转换密度，则需要随机化器。否则，其使用是可选的。随机化的存在或不存在是针对物理通道固定的，并且是受管理的（即，它的存在与否不通过信号指示，但必须被航天器和地面系统预先知道）。随机序列与输入数据进行"或"运算，以增加位转换的频率。在接收端，同一随机序列与解码数据进行独占或编码，恢复原始数据形式。在接收端对成功解码的数据进行去随机化处理。在检测到开始序列之前，去随机化器保持"所有人"状态。模式是对成功解码的数据进行逐位独占或运算（在删除错误控制位之后）。解码器未能成功解码代码块或其他输入通道丢失后，去随机化器复位为"所有人"状态。

4.4.3.4　非归零：标记

可选的非归零标记解码器可以通过寄存器使能。

4.4.3.5　设计规范

编码层支持 1~8 个通道输入，而 PSS 至少需要 4 个。一个代码块固定为 56 个信息位（根据 CCSDS/ECSS）。

支持 CCSDS/ECSS（1024 个八比特组）或 PSS（256 个八比特组）标准最大帧长度，可通过 GCR 寄存器中的位 PSS 进行编程。前者允许接收 37 个以上的代码块。

帧分析报告（FAR）接口支持 8 位 CAC 字段以及 ESA PSS-04-151 中指定的 6 位 CAC 域。当 PSS 位清"0"时，CAC 的两个最高有效位将溢出到 FAR 中的 "LEGAL/ILLEGAL" FRAME QUALIFIER 字段中。然而，当接收到 PSS 兼容帧长度或 PSS 位设置为"1"时，这些位将全部为零。当 PSS 位设置为"1"时，饱和度在 6 位完成，当 PSS 位清"0"时，饱和度在 8 位完成。

包括伪随机化器解码器（根据 CCSDS/ECSS），其使用可编程输入信号。

物理层输入可以是非归零电平或非归零标记调制，允许极性模糊。非归零电平/标记选择可编程。这是 ECSS 的一个扩展：添加了非归零标记解码器，当通道停用时，其内部状态复位为零。

注：如果输入时钟消失，它还将影响刚刚解码的代码块之前获得的代码块（ESA PSS-04-151 接受）。

在状态 S1 中，搜索所有活动输入的开始顺序，没有优先级搜索，只有循环搜索。对开始顺序的搜索是对所有输入的顺序搜索：最大输入频率＝系统频率/（gIn+2）。

ESA PSS-04-151[44] 规定的 CASE-1 和 CASE-2 动作根据上述规范执行，不会导致中断帧。

实现了扩展 E2 处理：

- E2b 通道停用—选定的输入在 S3 中变为非活动状态。
- E2c 通道停用—S3 中接收的代码块过多。
- E2d 通道停用—选定的输入在 S3 中超时（设计选择为：S3 = >S1，废弃帧）。

4.4.3.6　直接内存访问

该接口在 AMBA 总线和编码层之间提供直接内存访问（DMA）功能。DMA 操作通过 AHB 从机接口编程。该接口技术用于斯图加特大学 FLP 卫星平台的 OBSW。

DMA 接口是通信概念中的一个元素，它包含多个级别的缓冲。第一级是在编码层执行的，在这里接收并保存完整的码块，直到它可以被纠正并发送到解码链的下一级。这是通过在片上本地先进先出（FIFO）存储器中插入代码块的每个正确信息八比特组来实现的，该存储器用于提供改进的突发能力。然后，数据从 FIFO 传输到用户存储器（即位于 FPGA 中的片上存储器）中的系统级环形缓冲区，该存储器通过 DMA 访问。

因此，在此设计中可以找到以下存储元素：

- 编码层中的移位和保持寄存器。
- 本地 FIFO（并行；32 位；4 字深）。
- 系统环形缓冲区（片上 FPGA 内存；32 位；1～256KB 深）。

4.4.4　传输

当启用接收时，串行数据被接收并在编码层的移位寄存器中移位。校正后，移位寄存器的信息内容被放入保持寄存器。

当外围 FIFO 中有可用空间时，保持寄存器的内容被传输到 FIFO。FIFO 的宽度为 32 位，因此必须将字节放在字中的下一个空闲字节位置。

当 FIFO 充满 50% 时，请求将可用数据传输到系统级缓冲区。

如果系统级环形缓冲区未满，数据将通过 AHB 主接口从 FIFO 传输到主处理器，并存储在 SRAM 中。如果系统级环形缓冲区中没有可用的位置，则数据保存在 FIFO 中。

当 GRTC 继续接收数据时，FIFO 将充满，当它达到数据的 100%，且保持寄存器和移位寄存器已满时，将生成接收器溢出中断（IRQ RX OVERRUN）。在外围 FIFO 中有可用空间之前，所有新的输入数据都会被拒绝。

当接收数据流停止时（例如，当接收到完整的数据块时），一些字节仍在外围 FIFO 中，则这些字节将自动传输到系统级环形缓冲区。移位和保持寄存器中接收的字节总是直接传输到外围 FIFO。

当 CLTU 准备就绪或被放弃时，FIFO 自动清空。后者的原因可能是代码块错误、超时等，如 CLTU 解码状态图所述。

运行状态机如图 4.8 所示。

图 4.8 中，rx_w_ptr 表示写入指针，rx_r_ptr 表示读取指针。

4.4.4.1　数据格式

当处于解码状态时，每个备选代码块以下文所述的单纠错模式解码。

4.4.4.2　CLTU 解码器状态图

请注意，图 4.9 已通过显式处理改进，下面列出了不同的 E2 可能性。

状态定义：

S1 空闲状态。

S2 活动状态。

S3 解码状态。

事件定义：

E1 通道活动。

E2a 通道停用—所有输入均处于非活动状态。

E2b 通道停用—所选内容变为非活动状态（CB=0→帧放弃）。

E2c 通道停用—接收的代码块过多（所有→帧均已放弃）。

E2d 通道停用—所选内容超时（所有→帧均已放弃）。

E3 找到开始序列。

E4 代码块拒绝（CB=0→帧放弃）。

4.4.4.3　主份

A：当第一个"候选代码块"（即"候选代码块"为 0 时，按照事件 3（E3）：

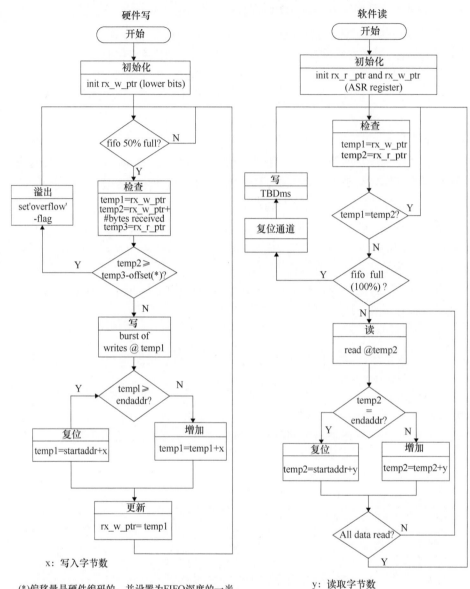

x: 写入字节数

y: 读取字节数

(*)偏移量是硬件编码的，并设置为FIFO深度的一半。
如果没有软件读出(最大写入字节=(1024×(rx_length+1)
−偏移量)[没有软件读出]，则不可能填满完整的1KB块。

图4.8   直接内存访问（ⓒAeroflex Gaisler AB）

找到开始序列）没有错误，或者如果它包含一个已经纠正的错误，其信息八比特
组被传输到远程环形缓冲区，见表4.6。同时"候选帧开始"标志写入位0或
16，表示传输构成"候选帧"的八比特组块。两个以不同方式处理的案例如以
下各节所述。

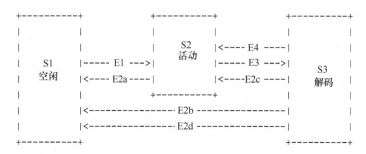

图 4.9　CLTU 解码器状态和转换 (ⒸAeroflex Gaisler AB)

表 4.6　数据格式

	Bit(31....24)	Bit(23....16)	Bit(15......8)	Bit(7........0)
0×40000000	信息八比特组 0	0×01	信息八比特组 1	0×00
0×40000004	信息八比特组 2	0×00	信息八比特组 3	0×00
0×40000008	信息八比特组 4	0×00	帧结束	0×02
0×400000xx	信息八比特组 6	0×01	信息八比特组 7	0×00
0×400000xx	信息八比特组 8	0×00	放弃的帧	0×03

注：表中，Bit[17：16] 或 [1：0]："00"—连续八比特组，"01"—候选帧开始，"10"—候选帧结束，"11"—候选帧被放弃。

4.4.4.4　例程 1

当事件 4——(E4)：代码块拒绝——发生在 37 个可能的"候选代码块"中的任何一个时，可以遵循代码块 0（可能是尾部序列），解码器返回到搜索状态(S2)，并执行以下操作：

- 代码块被放弃（擦除）。
- 没有信息八比特组传输到远程环形缓冲区。
- 写入"候选帧结束"标志，表示组成"候选帧"的八比特组块的传输结束。

4.4.4.5　例程 2

当发生事件 2——(E2)：通道停用——影响代码块 0 之后的 37 个可能的"候选代码块"中的任何一个时，解码器将返回到非活动状态（S1），并执行以下操作：

- 代码块被放弃（擦除）。
- 没有信息八比特组传输到远程环形缓冲区。
- 写入"候选帧结束"标志，表示组成"候选帧"的八比特组块的传输结束。

4.4.4.6　放弃

● B：当发生影响第一个候选代码块 0 的事件 4（E4）或事件 2（E2）时，应放弃 CLTU。没有传输候选帧八比特组。

● C：如果一个 CLTU 中接受的代码块超过 37 个，则解码器将返回到搜索状态（S2）。CLTU 被有效地中止，这将通过将"候选帧放弃标志"写入位 1 或 17 来报告给软件，指示软件擦除"候选帧"。

4.4.5　缓冲区与 FIFO 的关系

有关缓冲区和 FIFO 之间的关系、缓冲区满载条件处理等的详细信息见参考文献［55］。

4.4.6　命令链路控制字接口

当存在操作控制字段（OPCF）时，命令链路控制字（CLCW）由遥测编码器插入到遥测传输帧中。CLCW 由遥控解码器的软件部分创建。遥控解码器硬件为此提供了两个寄存器，可以通过 AMBA AHB 总线访问。

请注意，CLCW 的位 16（无可用射频）和 17（无位锁定）无法通过软件写入。这些位中携带的信息基于离散输入。

CLCW 寄存器 1（CLCWR1）在内部连接到遥测编码器。

CLCW 寄存器 2（CLCWR2）连接到外部 clcwout［0］信号。一个数据包异步接口（PA）用于从遥控解码器传输 CLCW。该协议固定为 115200Baud，1 个起始位，8 个数据位，1 个停止位，带有用于消息分隔的 BREAK 命令（发送 13 位逻辑零）。复位后，CLCW 在每次对 CLCW 寄存器的写入访问以及每次更改位 16（无可用射频）和 17（无位锁定）时自动通过一个数据包异步接口传输（见表 4.7）。

表 4.7　CLCW 传输协议

字节号	CLCWR 寄存器位	CLCW 内容						
第 1 个	［31：24］	控制字类型	CLCW 版本号	状态字段	COP 效果			
第 2 个	［23：16］	虚拟通道标识符	保留字段					
第 3 个	［15：8］	无可用射频	无位锁定	锁定	等待	重传	Farm B 计数器	报告类型
第 4 个	［7：0］	报告值						
第 5 个	N/A	［RS232 中断命令］						

有关备份 CCSDS 板之间 CLCW 路由的互连，请参阅 4.2.2 节。

4.4.7　配置接口（AMBA AHB 从站）

有关遥控解码器配置接口的详细信息超出了本书的范围，请参阅参考文献 [55]。

4.4.8　中断

内核生成表 4.8 中定义的中断。

表 4.8　中断

中断偏移量	中断名称	描述
1:st	RFA	可用射频已更改
2:nd	BLO	位锁定已更改
3:rd	FAR	可用 FAR
4:th	CR	CLTU 就绪/中止
5:th	RBF	输出缓冲区已满
6:th	OV	输入数据溢出
7:th	CS	CLTU 存储

4.4.9　寄存器

内核通过映射到 AHB I/O 地址空间的寄存器进行编程（见表 4.9）。

表 4.9　GRTC 寄存器

AHB 地址偏移量	寄存器
0×00	全局复位寄存器（GRR）
0×04	全局控制寄存器（GCR）
0×0C	航天器标识符寄存器（SIR）
0×10	框架验收报告寄存器（FAR）
0×14	CLCW 寄存器 1（CLCWR1）（内部）
0×18	CLCW 寄存器 2（CLCWR2）（外部）
0×1C	物理接口寄存器（PHIR）
0×20	控制寄存器（COR）
0×24	状态寄存器（STR）
0×28	地址空间寄存器（ASR）
0×2C	接收读指针寄存器（RRP）

（续）

AHB 地址偏移量	寄存器
0×30	接收写指针寄存器（RWP）
0×60	挂起中断屏蔽状态寄存器（PIMSR）
0×64	挂起中断屏蔽寄存器（PIMR）
0×68	挂起中断状态寄存器（PISR）
0×6C	挂起中断寄存器（PIR）
0×70	中断掩码寄存器（IMR）
0×74	挂起中断清除寄存器（PICR）

同样，对于遥控解码器，只有最重要的寄存器按照 FLP 卫星平台的 OBSW 的使用进行处理。寄存器说明见 11.5 节。

4.4.10　信号定义和复位值

信号及其复位值见表 4.10。

表 4.10　信号定义和复位值

信号名称	类型	功能	活动	复位值
tcrfa[0:1]	输入，异步	CLCW 的可用射频	—	—
tcactive[0:1]	输入，异步	活动	—	—
tcclk[0:1]	输入，异步	位锁定	—	—
tcdata[0:1]	输入，异步	数据	—	—
clcwout[0]	输出	CLCW 输出数据 2	—	逻辑 1

4.5　遥控解码器：硬件命令

4.5.1　概述

遥控解码器硬件命令或高优先级命令（HPC）通过遥控提供对输出端口的访问。

解码器实现以下层：

- 数据链路—协议子层：
  - 虚拟通道数据包提取。
  - 虚拟通道段提取。

　-虚拟通道接收：支持命令链路控制字（CLCW）。

　-虚拟通道解复用。

　-主通道解复用。

　-所有帧接收。

- 数据链路—同步和通道编码子层：

　-伪去随机化。

　-BCH 代码块解码。

　-开始序列搜索。

- 物理层：

　-非归零电平去调制。

通道编码子层和物理层与遥控解码器—软件命令共享，因此，此处不再赘述。

4.5.2　操作

在应用层和数据链路—协议子层中，对信道编码子层中的信息八比特组进行解码，如以下小节所述。

4.5.2.1　所有帧接收

"所有帧接收"功能执行两个过程：

- 帧分割和填充删除程序。

- 帧验证检查过程，按此顺序。

帧分割和填充删除过程用于从通道编码子层提供的数据流中重建传输帧，并删除从通道编码子层传输的任何填充数据。将检查"帧长度"字段以与接收到的数据相对应。检查信息八比特组的数量以匹配帧长度。

如果未启用伪去随机化，则检查填充数据以匹配 0×55 模式。

帧验证检查过程执行以下检查：

- 将版本号校为 0。

- 将旁路标志校为 1。

- 将控制命令标志校为 0。

- 将预留备用位校为 0。

- 将航天器标识符与固定值进行比较，见表 4.15。

- 将虚拟通道标识符与位 0~3 的固定值进行比较，表 4.15，位 4 与 id［1］输入引脚的值进行比较，位 5 与固定值 1 进行比较。

- 检查帧长度字段以匹配接收到的帧和 CLTU，最多 64 个八比特组。

- 将帧序列号校为固定值 0。

- 检查帧错误控制字段以匹配重新计算的 CRC 值。

4.5.2.2　主通道解复用

主通道解复用在上述"所有帧接收"过程中隐式执行。

4.5.2.3　虚拟通道解复用

虚拟通道解复用在上述"所有帧接收"过程中隐式执行。

4.5.2.4　虚拟通道接收

根据以下字段说明，虚拟通道接收支持命令链路控制字（CLCW）生成并传输到遥测编码器。

- 控制字类型字段为 0。
- "CLCW 版本号"字段为 0。
- 状态字段为 0。
- "效果"字段中的 COP 为 1。
- 虚拟通道识别取自引脚可配置输入值。
- "预留备用"字段为 0。
- 无可用射频标志为 0，但被遥测编码器覆盖。
- 无位锁定标志为 0，但被遥测编码器覆盖。
- 锁定标志为 1。
- 等待标志为 0。
- 重传标志为 0。
- FARM-B 计数器取自接收计数器的最不重要的位。
- "预留备用"字段为 0。
- "报告值"字段为 0。

注意，除非段和数据包提取成功，并且空间数据包已通过 UART 接口发送出去，否则不会生成 CLCW。

CLCW 传输协议固定为 115200Baud、1 个起始位、8 个数据位、1 个停止位，带有用于消息分隔的 BREAK 命令（发送 13 位逻辑零）。

4.5.2.5　虚拟通道段提取

解码器实现段子层，并从虚拟信道上的帧数据单元中提取从虚拟通道接收功能接收的段。它支持阻塞，但既不支持段，也不支持数据包组装控制。它仅支持一个虚拟通道。

检查段标头是否具有以下固定值：

- 将序列标志校为 11_b。
- 将 MAP 标识符与固定值进行比较，见表 4.15。

"段数据"字段的长度可能介于 1~56 个八比特组之间。

4.5.2.6　虚拟通道数据包提取

虚拟通道数据包提取功能从虚拟通道段提取功能接收的段数据字段中提取

空间数据包。一个段数据字段中所有空间数据包的聚合长度最大可以为 56 个八比特组。不检查空间包的内容。空间数据包被发送到 UART 接口进行输出。

4.5.2.7　UART 接口

从虚拟通道数据包提取功能接收的空间数据包，我们通过冗余 UART 输出发送出去。对于每个正确接收的传输帧，首先按顺序发送包含两个字节的同步模式，0×FF 后跟 0×55，然后是空间数据包。

CLCW 传输协议固定为 115200Baud、1 个起始位、8 个数据位和 1 个停止位。发送空间数据包后，CLCW 将更新。

4.5.3　遥控传输帧格式：硬件命令

用于硬件命令的遥控传输帧具有表 4.11～表 4.13 的结构。

表 4.11　遥控传输帧格式

传输帧			
传输帧主标头	传输帧数据字段		帧错误控制字段（FECF）
	段		
	段头	段数据字段	
		一个或多个空间数据包	
5 个八比特组	1 个八比特组	1~56 个八比特组	2 个八比特组

表 4.12　遥控传输帧主标头格式

传输帧主标头							
版本	旁路标志	控制命令标志	预留空间	S/C ID	虚拟通道 ID	帧长度	帧序列号
00b	1b	0b	00b	FIXED	FIXED/PIN	9 to 64	00000000b
0:1	2	3	4:5	6:15	16:21	22:31	32:39
2bit	1bit	1bit	2bit	10bit	6bit	10bit	8bit
2 个八比特组					2 个八比特组		1 个八比特组

表 4.13　遥控传输帧段格式

段		
段标头		段数据字段
序列标志	MAP 标识符	空间数据包
11b	固定	
40:41	42:47	可变
2bit	6bit	可变
1 个八比特组		1~56 个八比特组

4.5.4   信号定义和复位值

信号及其复位值见表 4.14。

表 4.14   信号定义和复位值

信号名称	类型	功能	活动	复位值
$t_{cuart}[0:1]$	输出	硬件命令 UART 输出	逻辑 1	逻辑 0
$id[1]$	输入，静态	遥控虚拟通道标识符，位 1	.	.
$clcwout[1]$	输出	CLCW 输出数据	—	逻辑 1

4.6   带有 RMAP 目标的 SpaceWire 接口

开发的 I/O 板类型称为 SIU B-012-PPFLPCCSDS。

通过 OBC 处理器板的 SpaceWire 的板标识（主份或备份）是通过将连接器 E 上的选定接地引脚来设置的，从而允许按线束中的位置设置板 ID。

• TDI 引脚接地（连接器 E 上的 80 脚，见图 11.9）将电路板 ID 定义为主份或备份。

• TDI 引脚悬空导致电路板响应发送到逻辑地址 0×28（主份 CCSDS 板）的请求。

• TDI 引脚接地导致电路板响应发送到逻辑地址 0×29（备份 CCSDS 板）的请求。

对未定义地址的写入/读取将导致返回 RMAP 状态代码 10（命令不可能）。

CCSDS 解码器/编码器 IP 核上的 SpaceWire 接口功能开箱即用，无需额外设置，内核在 4Links CCSDS 板硬件上运行，Aeroflex 处理器板在 UT699 LEON3FT 芯片上具有 SpaceWire 接口硬件，以及 Aeroflex Gaisler RTEMS 操作系统。在参考文献［55］中，详细描述了此 IP 核 SpaceWire 接口，可在此处跳过。

4.7   JTAG 调试接口

JTAG 调试接口通过 JTAG 提供对片上 AMBA AHB 总线的访问。此接口由 4Links CCSDS 板提供给用户，但不再用于外部封闭的 OBC 单元。对于标准用户端的应用，它仅与将 IP 核加载到 4Links 板硬件相关。

JTAG 调试接口实现了一个简单的协议，该协议将 JTAG 指令转换为 AMBA AHB 传输。有关其操作的详细信息见参考文献［55］和图 4.10。

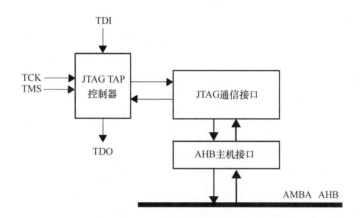

图 4.10 JTAG 调试链路框图（ⓒ Aeroflex Gaisler AB）

4.8 其他功能

此外，CCSDS 解码器/编码器 IP 核还具有三模冗余技术。FPGA 芯片上的存储器实现包括 EDAC 功能（有关技术细节，见参考文献［55］）。

对于 CCSDS 解码器/编码器 IP 核状态寄存器，见参考文献［55］。

CCSDS IP 核中的中断控制器也在参考文献［55］中进行了描述。对于解码器/编码器的标准用途，除非在特殊调试情况下，否则不需要它。

IP 核还具有通用 I/O 端口（见参考文献［55］）。由于 4Links CCSDS 板硬件无法向用户提供此功能，因此此处不再进一步描述此功能。

时钟发生器实现内部时钟生成和缓冲。最小时钟周期和产生的最大时钟频率取决于 Actel 零件的制造批次和预期的辐射水平。在本书描述的 CDPI 实现中，时钟周期为 100ns。

复位发生器通过毛刺滤波实现输入复位信号同步，并产生内部复位信号。输入复位信号可以是异步的。复位输入在内部重新同步。信号不必满足任何建立或保持要求。

4.9 CCSDS 处理器航天器特定配置

对于每个单独的航天器，必须按照表 4.15 所示配置一些固定的设计参数。此任务由 Aeroflex Gaisler 根据客户的规格执行。

表 4.15　采购时配置参数

参数	数值范围	使用	描述
SCID	10bit	0×25D	遥控硬件航天器识别符
VCID	6bit	0×01/0×03	遥控硬件虚拟通道识别符
			注意：只有最有效的 4 位 0:3 是由配置设置的。位 4 是通过 id I 输入引脚设置的。位 5 总为 1
MAPID	6bit	0×00	遥控硬件 MAP 标识符
可用射频链路，极性	0, 1	1	遥控可用射频链路指示器输入
遥控有效，极性	0, 1	1	遥控有效指示器输入（位锁定）
遥控采样边沿	上升沿，下降沿	上升沿	遥控时钟输入
遥控伪去随机化	可用，不可用	不可用	遥控伪去随机化
遥控非归零调制解调	可用，不可用	不可用	遥控非归零调制解调
CLKDIV	整型	0	系统时钟分频以获得10Mbit/s 的 SpaceWire 传输频率
SpaceWire 节点地址（目标逻辑地址，DLA）	8bit	0×28/0×29	SpaceWire 节点地址
			注意：只有最有效的 7 位 7:1 是由配置设置的。位 0 是通过 id I 输入引脚设置的

第 5 章　星载计算机电源板

Rouven Witt，Manfred Hartling

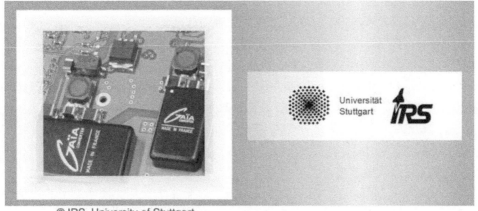

5.1 引言

FLP 卫星的电源管理与配电单元供电及非调节一次母线电压范围为 19～25V，将在第 8 章中详细说明。星载计算机（OBC）内部共有 3 块数据处理板，分别是处理器板、I/O 板和 CCSDS 板，均需要约为 3.3V 的稳定供电电压。因此，OBC 电源板的主要任务是电源变换，简单来说就是建立稳定的输出供电电压，将 FLP 卫星非调节一次母线电压转换为各数据处理板所需要的 3.3V 电源。

除了为 OBC 数据处理板提供可调节电源外，OBC 电源板还完成第二个任务，就是为 FLP 卫星脉冲信号提供信号传输和变换。通过 GPS 和星敏感器系统实现 OBC 的时钟同步。如果有供电，GPS 会提供一个秒脉冲（PPS）信号，通过每个时间数据包传送给 OBC。OBC 使其自身的 PPS 信号与 GPS 提供的 PPS 信号同步。此外，OBC 处理器板还可以提供一个 PPS 和一个时间数据包给星敏感器系统。星敏感器和 GPS 尽可能采用接近的公共时钟选通脉冲，这将显著提高 GPS 和 OBC 以及 OBC 和星敏感器之间的分组通信稳定性。

最后，在 OBC 外壳对内或对外设置接口。这些接口的设置也可以通过 OBC 电源板来引导。所有的接口与其他板的关系见图 5.1。从主要任务起，数据处理板的电源供电线用红色表示。脉冲信号用紫色表示。两种蓝色线分别表示 OBC 加热器的供电线：电路 1 和 2 或者主份和备份。两种蓝色供电线分别连接到双金属温控器开关，从开关起连接到安装在每个二次框架侧板上相应的加热器上。关于加热器设置的更多细节如图 5.11、图 5.12 和图 6.10 所示。绿色线表示连接到 OBC 处理器板的维护接口和 JTAG 接口。当处理器板的连接器不能直接使用时，这些接口用于整个 OBC 装配后对各处理器板的访问。图 5.1 中的连接器与图 1.2 中的相同。

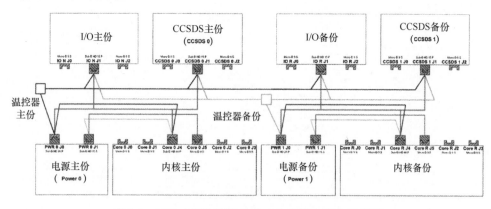

图 5.1 OBC 电源板连接关系（©斯图加特大学 IRS）

从图 5.1 可以看出，OBC 电源板与数据处理板无交叉耦合。数据处理板及其部件明显比电源板要复杂得多。这意味着数据处理板更容易发生硬件故障。这从电源线端避免交叉耦合，简化电气设计。根据任务需求，只允许单个失效发生，因此在整个 OBC 设计中电源板必须进行冗余设计。

5.2　电源变换

OBC 电源板的电源变换必须为 3 个数据处理板提供稳定的 3.3V 电压。由于一次母线是非调节的，精密稳压器不能实现这个功能。另一方面，电压超出 3.3V 可能对数据处理板的某些敏感器件造成损害。所以，制造商给出了供电电压的范围，以满足数据处理板正常工作的需求。供电电压的范围见表 5.1。

表 5.1　根据数据处理板的输入特性确定 OBC 电源板的要求

设备	允许的输入电压范围	最大功耗	分流器电阻 (3.3V 时的功耗)
处理器板（第 2 章）	3.3V±5%（3.135⋯3.456V）	2.5⋯4.75W	50Ω（0.22W）
I/O 板（第 3 章）	3.3V±9%（3.0⋯3.6V）	0.53⋯1.5W	50Ω（0.22W）
CCSDS 板（第 4 章）	3.3V±9%（3.0⋯3.6V）	0.165⋯1.0W	33Ω（0.33W）

电源变换器的第二个要求，必须考虑数据处理板的最小和最大负载。在 OBC 电源板设计前，必须由数据处理板制造商评估其负载特性并提供给电源板设计者。它们也可以从表 5.1 中得到。

电源变换器选定后，通过测试可以检验 OBC 电源板和数据处理板的兼容性。电源变换器的选定只考虑了制造商提供的稳态负载。然而，由于板卡上存在非阻性阻抗，必须考虑电源建立期间板卡的阻抗影响。数据处理板和 OBC 电源板相连时，上电后的电流与稳态电流不同。如果加电时在较长时间内电流很低，从电源变换器到用电负载就存在发生过电压保护的危险。所以，在将数据处理板和电源板连接（见 5.2.4 节）前，需测试数据处理板的启动特性（见 5.2.2 节）以及电源板的启动特性（见 5.2.3 节）。

5.2.1　DC/DC 变换器

为实现电源变换，选用 Gaia 变换器公司（后面简称为 Gaia）的 DC/DC 产品。Gaia 为 4~10W 的负载提供一系列的单端输出变换，这是为了空间应用特别设计的，命名为型谱 SGDS04 和 SGDS10。按照输入和输出电压的不同来排序，工作温度范围为−40~+85℃，适应 OBC 的工作温度要求。根据从 Gaia 获得的数据，所有选用的电源变换器具有 20krad（Si）抗重离子和电离辐射总剂量指标，支持欠电压锁定和恒流输出限制,符合 ESA 标准 PSS-01-301[71]。

根据输入电压范围为 9~36V ("H")、输出电压为 3.3V ("B") 的特性,3 块 OBC 板卡所选用的电源变换器分别为

- 处理板选用 MGDS10-HB。
- I/O 板选用 MGDS04-HB。
- CCSDS 选用 MGDS04-HB。

需要注意,根据估算的处理板的最大负载,OBC 选用最大额定负载能力为 10W 的 MGDS10 电源变换器。

然而,这些电源变换器有一个共同的缺点,就是需要一个固定负载来保证可以输出所需的电压。为说明这个影响,一个典型的 Gaia 电源变换器 MGDS04-JC,输入电压范围为 16~40V,输出电压为 5V,其输出特性如图 5.2 所示⊖。从图中可以看出,在低输出电流的情况下,输出电压会超过额定值 5V。对于这个型号的电压变换器,只有在耗损电流为 600mA 或更大的情况下,才能达到指定的输出电压 5V。对于全系列的 MGDS 电源变换器,都必须考虑这个影响。对所有的 OBC 板卡来说,确定的输入电压范围见表 5.1,必须保证 OBC 电源板的输出能够满足这些要求。

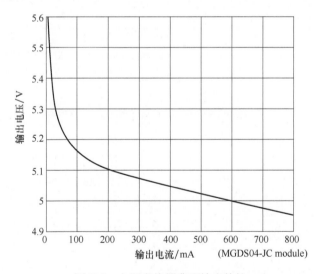

图 5.2   电源变换器典型输出特性

所以,一方面必须做一些附加测试来精确表征每个 OBC 数据处理板的上电特性,另一方面通过测试得出电源变换器的准确输出性能。对选定的电源变换器的负载特性测试结果见表 5.2。相关电压限制用粗体标识。

⊖   这里描述了 5V 变换器的例子,因为供应商没有提供所选的 MGDS 系列变换器型号的相应图。

表 5.2　MGDS10-HB 和 MGDS04-HB 的负载特性

MGDS10-HB		MGDS04-HB	
电压值/V	对应电流值/A	电压值/V	对应电流值/A
3.6	0.104	**3.6**	**0.075**
3.5	0.33	3.59	0.079
3.465	**0.59**	3.497	0.157
3.45	0.74	3.4	0.4
3.4	1.32	3.38	0.5

当吸收电流为 0.59A 时，MGDS10-HB 输出电压低于所需的 3.465V，此时的功率为 3.465V×0.59A=2.04W。从表 5.1 可以看出处理板的功耗超出 2.5W。因此，无需考虑保护功能。

对 I/O 板和 CCSDS 板电源供电进行模拟估算，结果如下。

当吸收电流为 0.075A 时，由于它较低的功率水平，MGDS04-HB 输出电压低于所需的 3.6V。此时的功率为 3.6V×0.075A=0.27W，低于指定的 I/O 板的最小功率耗散值，高于 CCSDS 板的功率 0.105W。因此，在电源变换器的输出和 CCSDS 板之间，必须设置一个分流器用于稳定的功率耗散。最大值从公式 $(3.6V)^2$/0.105W=123.428Ω 得出。于是需要设置一个阻值低于 123.42Ω 的电阻。

然而，为了安全起见，在处理器板、I/O 板和 CCSDS 板供电的 3 条电源线中，设置一个电阻作为最小负载，以保证功率的耗散。分流器电阻值见表 5.1。作为示例，CCSDS 板电源线的电路如图 5.3 所示，包括自 MGDS04-HB DC/DC 变换器起到 CCSDS 板的输出线。为了看得清楚，电源变换器左边/上方部分都隐藏了。

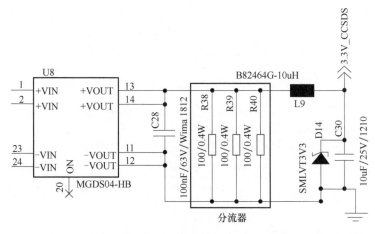

图 5.3　CCSDS 板电源变换线路中的分流器（© 斯图加特大学 IRS）

电源板的设计满足 3 种类型 OBC 数据处理板制造商给出的稳态负载要求，

据此研制了一台电性件。OBC 电源板电性件与其他 OBC 板进行了各种联试,在后续各节中介绍。

5.2.2   OBC 负载的启动特性

前面介绍了正常的电源板设计,涉及了稳态工作的功率耗散。另一个重要的方面是负载浪涌电流特性。所以,在不同类型的 OBC 数据处理板的线路上测试电源板供电电压特性,测试时机为在 OBC 处理器板、I/O 板和 CCSDS 板上电后的几毫秒内。

由于 OBC 数据处理板上电容的作用,在上电时会有一个电压的尖峰,在尖峰过后,直接到达稳态或者在一个很短的时间内衰减到低于稳态电流值,然后以一定的斜率上升。

第二种情况是在电流衰减期间,变换器输出一个更高的电压值,这可能对连接的 OBC 板有危害,要注意这种风险。

这项测试的设置情况如图 5.4 所示,用于记录数据处理板启动时的吸收电流。使用 TTI 供电单元(PSU)作为 3.3V 电源供电。在 PSU 和 OBC 板卡之间连接一个低阻分流器,通过示波器记录电阻上的电流。示波器上使用一个差分探头用作输入传感器。分流器选择时应选择尽可能低的电阻来保证电阻上损耗的电压较小,探头仍能准确检测到电压。分流器的选型见表 5.3。由于板上传输接口的延时触发,OBC I/O 板的上电特性与 CCSDS 板非常相似。由于 OBC 处理器板的功耗更高,相应地选择一个较小的电阻使电压分压最小化。

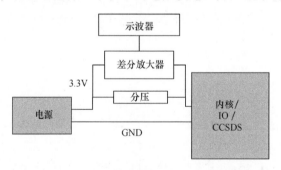

图 5.4   测试 OBC 板卡上电特性的电气设置(©斯图加特大学 IRS)

表 5.3   分流器的测定

电路板	电阻值/Ω	稳态功率耗散(估算值)/W	$I=P/U$ 计算出的电流值/A	电阻上损耗的电压/V
I/O/CCSDS 板	0.39	1	0.3	0.117
处理器板	0.1	3.5	1.1	0.11
(比较)	(0.39)	(3.5)	(1.1)	(0.43)

　　将测试结果做成图表。图 5.5 所示为 CCSDS 板的启动特性曲线，出现的尖峰都做了标记。

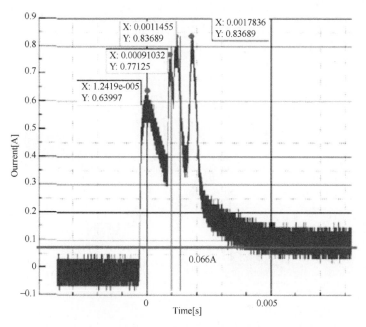

图 5.5　CCSDS 板上电电流（ⓒ斯图加特大学 IRS）

　　图 5.6 所示为未启动传输接口的 I/O 板的上电特性。曲线没有明显的差别，都有几个尖峰和浪涌电流再缓慢的重新下降到稳态值的过程，这意味着在上电时没有过电压的风险。

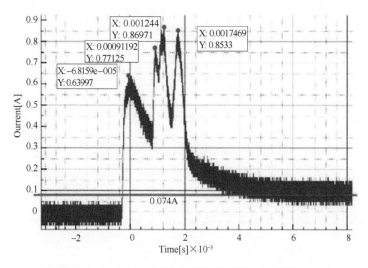

图 5.6　I/O 板上电电流（ⓒ斯图加特大学 IRS）

图 5.7 所示为 OBC 处理器板的上电特性。可以看出，在主尖峰后面当浪涌电流下降到明显低于稳态电流值时，存在一个潜在的危险状态。必须对电源变换器自身做专门的测试来判断电源板的 PCB 设计转换是否必要。这项验证情况见 5.2.3 节。

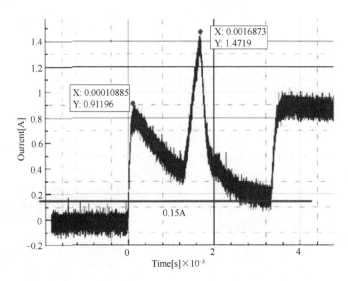

图 5.7 处理器板的上电电流（ⓒ斯图加特大学 IRS）

5.2.3 电源板的上电特性

在前面的测试中已经对 OBC 处理器板、I/O 板和 CCSDS 板的浪涌电流特性进行了介绍，根据上电电流特性识别出处理器板是有问题的，OBC 数据处理板与电源板联试就变得很有必要，以确保整个设计的合理性。

接下来的测试要验证连接负载时电源板上 Gaia 变换器的整体电源供电特性。这项测试中电气设置如图 5.8 所示。与前面的测试有明显不同的是 LISN（线路阻抗稳定网络）的使用。

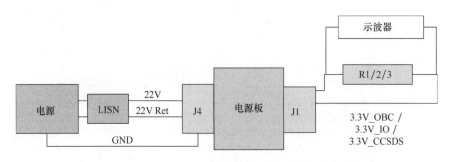

图 5.8 电源板上电特性测试的设置（ⓒ斯图加特大学 IRS）

　　由于低压 3.3V 的使用，在前面各板的浪涌特性测试中没有必要使用 LISN 设备。在电流测试中使用 LISN 来提供典型的 22V 替代电源线激活时卫星 PCDU 的瞬时供电。否则只使用一个 PSU 可能会导致非真实的、延迟的电压建立过程。本质上来说，LISN 是一个并联在电源线上的电容，在接通时提供 22V 电平。

　　根据前面测试图中的实际稳态电流值选择电阻 R1、R2、R3。处理器板、I/O 板和 CCSDS 板对应的电阻值分别是 22Ω、44.6Ω 和 50Ω。因为这项测试只对 OBC 处理器板线路是必须的，因此只有该项测试结果需要特别讨论。图 5.9 所示为 MGDS10-HB 变换器带前面提到的 22Ω 负载的特性。可以看出，不管起始瞬间功耗多么低，电压也不断增加到正常值 3.3V（参考图 5.7）。另外，尽管在这个过程中通常会存在变化，但是电压都不会超出 3.465V 的限制，这在表 5.2 中就进行了说明。

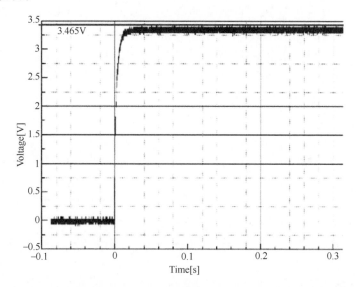

图 5.9　电源板上电特性——处理器板线路（©斯图加特大学 IRS）

　　在 OBC 电源板和数据处理板的特性测试完成后，设计兼容性的验证也完成了，这些板卡第一次在 CDPI 开发项目中连接起来。

5.2.4　电源板和 OBC 负载的连接

　　电源板和 OBC 数据处理板连接的测试设置情况如图 5.10 所示。在测试过程中始终用示波器监视 DC/DC 输出线路的特性，如果监测到任何不期望的过电压发生允许快速终止测试。通过测试证实各板完美地协同工作，并且电性件在图 5.10 所示的配置中能持续工作。飞行件板卡集成到 OBC 飞行件中。

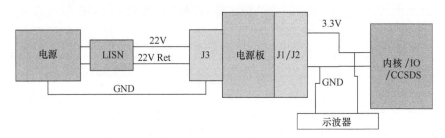

图 5.10   最终板卡联试设置（©斯图加特大学 IRS）

5.3   时钟选通脉冲信号

正如前面已经说明过的，通过类似 GPS 或伽利略接收机等的外部时钟，OBC 处理器板具有接收 PPS 选通脉冲信号的功能。只要 OBSW 和 RTOS 支持，处理器板也允许 OBC 与外部 PPS 时钟选通脉冲同步。

另外，OBC 提供一个由处理器板产生的 PPS 选通脉冲。这个 PPS 在 OBC 外部连接器上必须是可用的，用于与 OBC 机载设备的同步。在 FLP 卫星平台星敏感器中这个功能是必需的。

因为 PPS 接口设置在 OBC 处理器板内部连接器上（见图 1.2 和图 2.1），信号需要有到 OBC 外部连接器的路径。OBC 外部连接器上的 PPS 信号（由 GPS 产生的或者星敏感器必需的）采用差分信号来传输。然而在 OBC 内部处理器板上信号是作为单端 5V PPS 线路来处理的。所以，除了从内部到外部连接器的纯线路路径，还需要信号格式的转换。因为 OBC 电源板的设计和开发是由 IRS 进行的，在 OBC 电源板上实现信号路由和转换特征是明确的。

为了做试验，FLP 卫星更深层次的特点是有 3 个冗余的 GPS 接收机。所有 3 个接收机都可以提供一个信号给 OBC。在正常操作中，只有一个接收机起作用，因此也只提供一个信号。如果一个接收机损坏，脉冲信号由冗余接收机提供。但是对 OBC 处理器板来说只有一个输入是有效的。这意味着输入到电源板的所有 3 个 GPS PPS 输入信号在逻辑上合并为一个唯一的 PPS 信号给处理器板。这通过无效时具有高阻特性的差分驱动集成电路很容易实现，确保只有一个接收机在使用。

然而，在一个特定的 FLP 卫星试验中，所有 3 个 GPS 接收机都并行工作。为了避免 3 个接收机输出的 PPS 信号以不受控制的方式互相干扰，在电源板上设置优先级电路，只允许 3 个脉冲信号中的一个可以路由到处理器板。如果主份脉冲信号可用，另外两个信号将被封锁。通过标准 RS422 驱动 IC，在电源板接口层面上完成信号类型从差分转换为单端信号。

请注意，只有 PPS 信号可以通过电源板路由。GPS/伽利略接收机和 OBC 之间的数据包通信通过 I/O 板处理。

从处理板到星敏感器的脉冲信号转换，通过标准 RS422 驱动芯片将单端信号直接前向转换为差分信号。这些信号可以从两个处理器板发送，其中只有一个将在任何时间工作。

请注意，星敏感器和 OBC 之间的数据包通信也可以通过 I/O 板进行。

驱动器和门电路芯片的电源是由处理器板的电源线提供的，因为只在处理器板工作时需要转换。专用的变换器给相关芯片提供电压。

5.4　加热器和热传感器

在 OBC 外壳内有两个加热器电路，如果温度下降到最低工作温度以下，可以打开加热器。可以参考 7.3 节中的图和说明。这两个电路是冗余的，每个电路由 4 个加热器组成，安装在每个二次框架的背面，如图 5.11、图 7.15 和图 7.16 所示。为了检测内部温度，每个电路里面都装有一个双金属温控器开关。如果温度下降到低于工作温度下限 -40℃，开关闭合，加热器开始加热，PCDU 电源线路供电接通。专用的温度传感器粘贴在 OBC 壳体上，并连接到PCDU 将实际的外壳温度数据反馈到热控环路。在外壳内部 OBC 电源板上，不需要专用的布线。

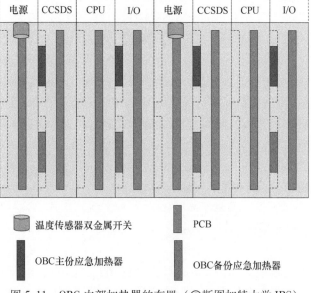

图 5.11　OBC 内部加热器的布置（©斯图加特大学 IRS）

注：彩图见插页。

加热器和温度传感器布线原理如图 5.12 所示。在 PCDU 内有两个熔断器和开关，都用于 OBC 和 TTC 系统。一个开关可以使主份加热器工作，另一个开关可以使备份加热器工作。从 PCDU 加热器电源输出到双金属温控器用导线连接。在那之后布线分开，分别连接到 4 个加热器。回线起点集中在电源板上，从那里返回到 PCDU 的回线引脚上。对于主份和备份加热器电路，同样的原理都是适用的。

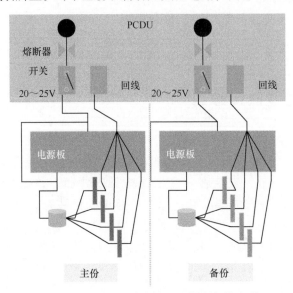

图 5.12   OBC 加热器电路布线 （©斯图加特大学 IRS）

5.5   OBC 维护接口和 JTAG 接口

前面图 5.1 已经进行了论证和描述，OBC 电源板还提供到处理器板的几个维护接口、JTAG 调试接口。将这些信号从 OBC 处理器板内部连接器路由到 OBC 外壳的外部连接器的原因与前面讨论的 PPS 信号是相同的。在 OBC 装配完成并合盖后，处理器板接口不可再直接访问。在 OBC 集成到卫星后维护接口和 JTAG 接口用于加载软件版本和 OBSW 调试。对于 FLP 卫星，这两个接口都安装在航天器星表连接器上。

5.6   连接器配置

电源板上所有连接器都是 Sub-D 高密度连接器，引脚数有 15 或 26 个。电源线和数据线布置在不同的连接器上。放在电源板同一侧的相同型号规格的连接器分为针和孔两种。所有连接器都通过软导线焊接到电路板上。固定连接器焊点在振动环境下可能断开。图 5.13 所示为电源板的原理图。另外不同的连接器也可以区分出来。连接器的命名按照板卡进行。从命名可以区分整个 OBC 的模块，这在 11.6 节中有说明。关于连接器在下面简短说明。OBC 单元电源板外部连接器的相关引脚（J2，J3，J4）或根据 11.6 节的相关引脚（J1/J7，J2/J8，J3/J9）的引脚分配可参见 11.9 节。

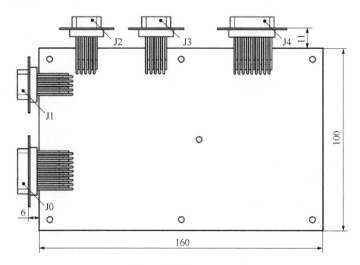

图 5.13　OBC 电源板连接器的配置（©斯图加特大学 IRS）

从连接器 J0（Sub-D 高密度 26 针），电源线连接至 OBC 处理器板、I/O 板和 CCSDS 板。另一个电源板作为冗余备份。加热器的电源线也通过这个连接器连接。像 LVTTL 信号一样，最终脉冲信号的转发是通过这个连接器建立的。

J1 是将 JTAG 接口和维护接口的数据线连接到 OBC 外壳的数据连接器。数据线的连接没有必要经过电源板电子器件，所以经由 PCB 直接通过连接器 J1 到连接器 J2，具体如下。J1 是 Sub-D 高密度 15 孔连接器。

放置在电路板长边上的数据连接器 J2 的引脚在表 11.45 中进行说明。连接器 J2 与放置在短边上的连接器 J1 是对应的，因而 J2 也是 Sub-D 高密度 15 孔连接器。J1 上的电缆与安装在 FLP 卫星一级结构上的星表连接器相连。电源板上的数据连接器 J2 也连接到 FLP 卫星星表连接器上。

放置在电路板长边上的电源连接器 J3 的引脚在表 11.46 中进行说明。这个连接器也是 Sub-D 高密度 15 针类型。它与各个 OBC 板和加热器的电源线相连。该连接器的所有引线都来自 PCDU。

与传统的 OBC 设计相比，这里 OBC 为每个电路板设置一个独立的电源线，因为重配置单元（PCDU 中的通用控制器）通过这个方式可以为每个电路板独立供电，可以实现正常操作，并在 FDIR 情况下断电、再启动和冗余备份激活。

在传统的 OBC 中，这种形式的重新配置线路在 OBC 外壳内部完成。这里，通过 CDPI 样机可以清晰看出是通过两个机箱实现的。

　　PPS 连接器 J4 的引脚在表 11.47 中进行说明。OBC 从 GPS 接收机接收 PPS 信号，然后向 FLP 卫星星敏感器等设备输出。这些 PPS 输出的技术细节参见 5.3 节。

第6章　星载计算机内部线束

Artur Eberle，Michael Wiest，Rouven Witt

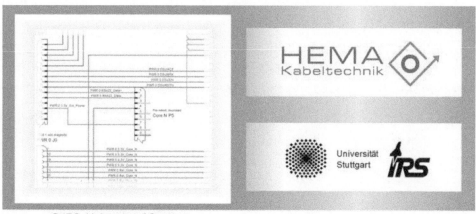

6.1 引言

正如第 1 章中阐述的那样，星载计算机（OBC）组件的设计经过了多次反复验证且在最大程度上并行开发。在项目初始阶段相当数量的接口细节都是不确定的，这就使得 OBC 飞行件的建造是基于内部电路板线束而不是底板。图 6.1 给出了 OBC 内部 SpaceWire 板与板之间连接、电源供电线以及加热器供电线等主要走线的概述。

图 5.1 只描述了电源板相关接口，数据连接关系细节在图 6.1 中进行说明，包括脉冲信号线、维护接口和 JTAG 接口线。另外图 6.2 说明了图 5.1 其中一个冗余通路穿过电源板的各种电源线和数据连接线的布线。因此可以认为 OBC 内部线束分为两个部分：

- SpaceWire 子线束。
- 电源板子线束，包括电源线、加热器线、脉冲信号线、维护接口线和 JTAG 调试接口线。

整个 OBC 内部线束是由 HEMA Kabeltechnik GmbH & Co. KG 实现的，这是一个专业的为地面站空间检测设备和空间线束应用提供线束的供应商。通过应用集成的 OBC 框架的连接器几何模型，线束在 HEMA 的洁净室条件下装配完成（见图 6.3）。

6.1.1 要求

线束的电缆输入由 IRS 以电气形式移交给 HEMA。连接器类型、生产过程中的洁净度、几何限制等要求如下：

- 连接器：Sub-D 连接器和 Micro-D 连接器。
- 线束走线的可用空间（有无走线区域）。
- 空间应用的洁净度：100000/ISO 8 级洁净室。
- 最终在 IRS 为用户完成整合。

6.1.2 挑战

在线束设计和生产中必须考虑以下问题：

- 电缆在 OBC 前部区域铺设是很困难的，因为布线区域的大小仅约为 250mm×100mm×35mm。
- 由于走线空间的限制，线束的转弯半径很小。
- 没有足够可用的空间用于电缆插接。

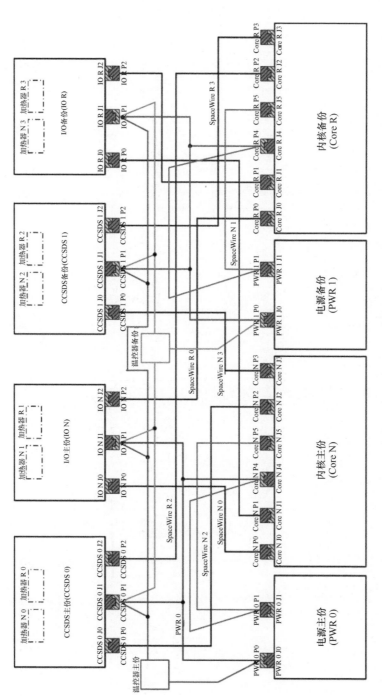

图 6.1　板内电缆电路图（©斯图加特大学 IRS）

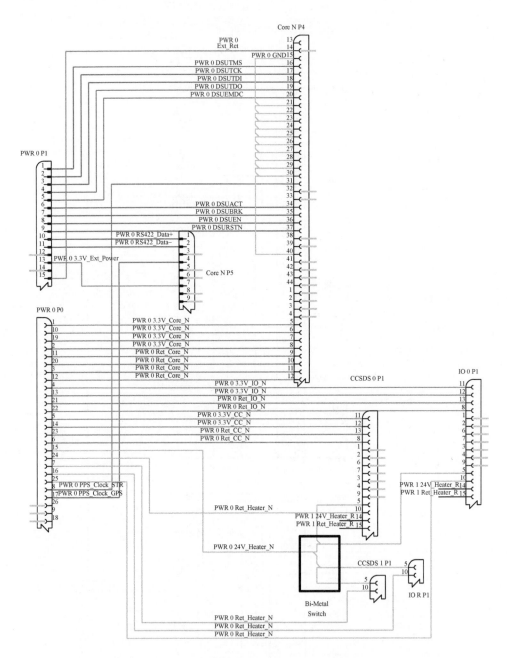

图 6.2 调试、脉冲信号和温控器线路连接关系 (©斯图加特大学 IRS)

图 6.3　生产模型中的 OBC 内部线束（© HEMA/IRS)

- 没有足够可用的空间用于标准 SpaceWire 布线。实际上是没有足够的空间来满足标准 SpaceWire 电缆最小转弯半径的需求，并且也没有连接器尾罩安装空间。
- 必须保证线束的强度（即使是在振动环境下）。
- 必须预估线束固定到绑线柱的安装区域，线束需要通过胶黏剂固定到 OBC 外壳结构上。集成装配到 OBC 结构的部分预计由生产商 IRS 来实施。
- 线束要求是分开的，这就要求所有插头螺钉和安装螺钉的选取都需要通过设计来保证。

这些限制导致需要一个生产模型来确保准确定位连接器，并实现合理的线束铺设和线缆长度控制。

6.1.3　实现

生产是由定点供货商 HEMA Kabeltechnik 依据以下标准来完成的：
- ECSS-Q-ST-70-08C 高可靠性电子电气产品手工焊接[45]。
- ECSS-Q-ST-70-26C 高可靠性电子电气产品压接[46]。

SpaceWire 电缆设计要求需满足 ECSS-E-50-12C（见参考文献 [12]）。

6.2　线束设计

本节介绍空间应用线束的工程实现过程。

6.2.1　线束工程化

每个线缆从一个连接器开始，按照 OBC 板插接到对应的目标连接器上。表 6.1 说明了 OBC 各板上的连接器。

表 6.1　连接器列表

OBC 板		连接器名称	连接器类型	对应的连接器类型	对应的连接器名称
主份	PWR 0	PWR 0 J0	DAMA-26P	DAMA-26S	PWR 0 P0
		PWR 0 J1	DEMA-15S	DEMA-15P	PWR 0 P1
	CCSDS 0	CCSDS 0 J0	MDM-9S	MDM-9P	CCSDS 0 P0
		CCSDS 0 J1	DEMA-15P	DEMA-15S	CCSDS 0 P1
		CCSDS 0 J2	MDM-9S	MDM-9P	CCSDS 0 P2
	处理器板 Core N	Core N J0	MDM-9S	MDM-9P	Core N P0
		Core N J1	MDM-9S	MDM-9P	Core N P1
		Core N J2	MDM-9S	MDM-9P	Core N P2
		Core N J3	MDM-9S	MDM-9P	Core N P3
		Core N J4	DBMA-44P	DBMA-44P	Core N P4
		Core N J5	MDM-9S	MDM-9P	Core N P5
	I/O N	I/O N J0	MDM-9S	MDM-9P	I/O N P0
		I/O N J1	DEMA-15P	DEMA-15P	I/O N P1
		I/O N J2	MDM-9S	MDM-9P	I/O N P2
备份	PWR 1	PWR 1 J0	DAMA-26P	DAMA-26S	PWR 1 P0
		PWR 1 J1	DEMA-15S	DEMA-15P	PWR 1 P1
	CCSDS 1	CCSDS 1 J0	MDM-9S	MDM 9P	CCSDS 1 P0
		CCSDS 1 J1	DEMA-15P	DEMA-15S	CCSDS 1 P1
		CCSDS 1 J2	MDM-9S	MDM-9P	CCSDS 1 P2
	处理器板 Core R	Core R J0	MDM-9S	MDM-9P	Core R P0
		Core R J1	MDM-9S	MDM-9P	Core R P1
		Core R J2	MDM-9S	MDM-9P	Core R P2
		Core R J3	MDM-9S	MDM-9P	Core R P3
		Core R J4	DBMA-44P	DBMA-44P	Core R P4
		Core R J5	MDM-9S	MDM-9P	Core R P5
	I/O R	I/O R J0	MDM-9S	MDM-9P	I/O R P0
		I/O R J1	DEMA-15P	DEMA-15P	I/O R P1
		I/O R J2	MDM-9S	MDM-9P	I/O R P2

注：Core—OBC 处理器板，I/O—OBC I/O 板，CCSDS—OBC CCSDS 板。

详细的引脚分配表包含在 HEMA 提供的产品文件中[72]。引脚分配状态冻结后，线束定义是下一步。通常一个接口（UART、RS488、HPC、状态等）的信号线做成一根电缆。然后将电缆合成一束（见图 6.4）。

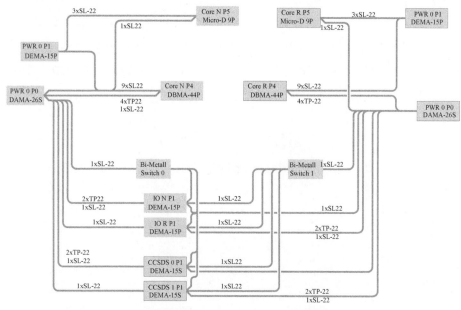

图 6.4　供电线束连接关系（© HEMA/IRS）

线束的布线不应干扰发射信号本身（反射/衰减）或者其他信号（EMC）。所以供电线束和信号线束通常分开走线。HEMA 将 SpaceWire 线束和供电/信号线束分开走线。图 6.5 中粗线表示供电线束，细线表示 SpaceWire 线束。

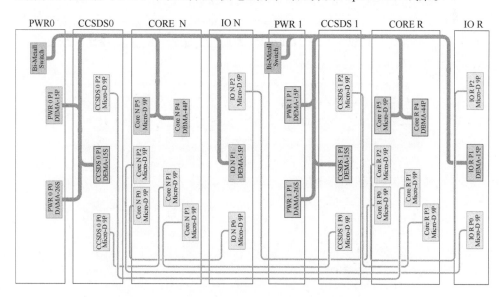

图 6.5　OBC 线束连接关系原理图（© HEMA/IRS）

6.2.2   SpaceWire 线束

SpaceWire 是一个高速总线接口标准，用于空间设备的相互通信，由多个空间组织组成的联盟制定。SpaceWire 总线规范见参考文献［11，12］。OBC SpaceWire接口由点对点、双向数据链路组成。每个方向上的两个差分信号对组成一个完整的 8 信号线，附带一根屏蔽线（见图 6.6）。

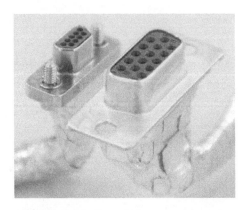

图 6.6　Micro-D SpaceWire 连接器（© HEMA Kabeltechnik GmbH & Co. KG）

SpaceWire 连接器需要提供 8 条信号线接头外加一个屏蔽线接头。用一个 9针微型 D 型连接器作为 SpaceWire 标准连接器。根据参考文献［15］，所有 OBC内部 SpaceWire 连接都采用相同的连接器类型和引脚分配。

OBC 内部各板 SpaceWire 线束由 8 条 SpaceWire 子线束组成。电缆类型为AGW 26，非阻抗控制线束。一方面采用焊接连接器减少反射点（比如压接式），图 6.7 给出了按步骤进行线束制作的操作图示。

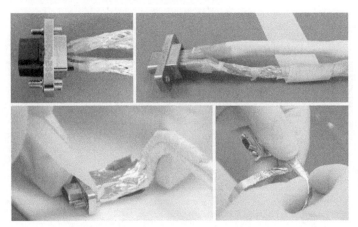

图 6.7　SpaceWire 线束制作步骤（© HEMA Kabeltechnik GmbH & Co. KG）

完成的 OBC 内部 SpaceWire 线束如图 6.8 所示。

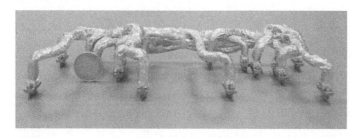

图 6.8　完成的 OBC 内部 SpaceWire 线束（© HEMA/IRS）

6.2.3　OBC 供电线束

OBC 内部供电线束包括从 OBC 电源板到负载端的线束，OBC 内部从电源板经温控器到加热器板的线束，以及脉冲信号线和调试线的线束。图 6.9 所示为供电线束的制作图示。

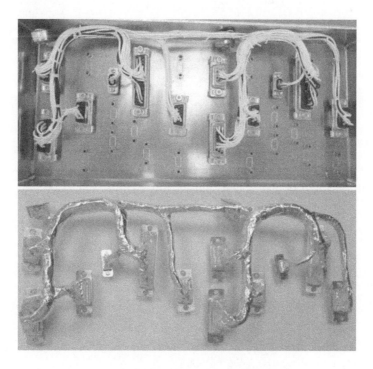

图 6.9　OBC 内部供电线束（© HEMA/IRS）

如前所述，OBC 配备了受温控器控制的内部加热器线路。这些属于供电线束的一部分，固定在 OBC 框架上（见图 6.10）。

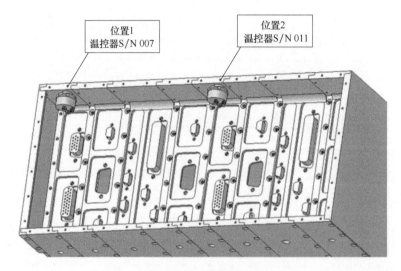

图 6.10   温控器位置（ⓒ斯图加特大学 IRS）

温控器已经被 HEMA 预先集成到供电线束中。OBC 内部温控器的分布如下：

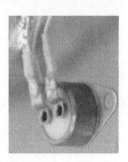

- 位置 1：温控器 1（5702BJ3628639 0642 007）。
- 位置 2：温控器 2（5702BJ3628639 0642 011）。

6.3   验证

对 OBC 线束进行了潜在故障测试，并对生产制造的质量和连接关系的正确性进行了验证。需要进行以下测试：

- 接头保持力测试（只适用于压接插件）。
- 阻抗/连续性测试。
- 绝缘测试。

为了检测故障，需要进行以下测试：

- 接头是否插入到位。
- 源与目标接口信号之间的连接状态。
- 屏蔽组的互连。
- 短路。
- 绝缘缺陷。

图 6.11 所示为线束测试配置的原理。

图 6.11　线束测试的设置（© HEMA Kabeltechnik GmbH & Co. KG）

1. 测试条件

与线束的生产相同，测试同样是在相同的洁净室环境中进行的，并且遵循相同的处理流程。为了减少连接器的插拔次数，强制使用测试适配器。测试人员与线束装配人员不能为同一人。

2. 保持力测试

采用接头保持力测试工具对连接器的接头进行测试，来验证所有接头插入和正确的保持力强度。这项测试只适用于压接导线的接头（见图 6.12）。

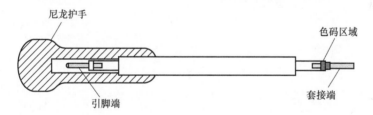

图 6.12　保持力测试（© HEMA Kabeltechnik GmbH & Co. KG）

3. 阻抗测试（毫欧测试）

阻抗测试用于验证线束各部件（接头、屏蔽层）接触质量，应该连接良好。从工艺上来说，这是不可能的，所以必须通过两种方式来验证连接质量：第一种测试是焊接测试，第二种测试是连续性测试（见图 6.13）。

焊接电阻值只用于反映转换关系，与系统电气特性相关。一个可以接受的值是阻抗小于 1Ω。在大部分应用中焊接电阻值必须小于 $20m\Omega$，这也是线束阻抗的参考值。

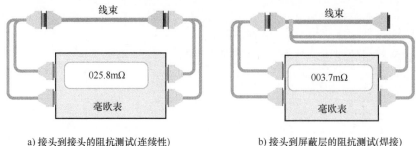

a) 接头到接头的阻抗测试(连续性)   b) 接头到屏蔽层的阻抗测试(焊接)

图 6.13   阻抗测试（© HEMA Kabeltechnik GmbH & Co. KG）

在连续性测试中检查线束点对点引脚分配的正确性，并记录每条线的电阻值。这样可以比较线束中多条电缆的值，并基于长度和线径进行分析。长度和线径相同的电缆应该有相同的电阻值。

4. 绝缘测试

这项测试用于验证两个部件之间的电气绝缘特性，比如不同接头之间或接头到屏蔽层等。测试条件为 DC500V，测试电流为 1A（见图 6.14）。

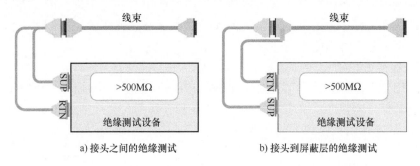

a) 接头之间的绝缘测试   b) 接头到屏蔽层的绝缘测试

图 6.14   绝缘测试（© HEMA Kabeltechnik GmbH & Co. KG）

6.4   质量和生产文件

在空间应用上线束的相关文件集合成为生产数据包（MDP），由用户定义。对于 FLP 卫星任务，MDP 由以下几个部分组成：

- 测试列表（连接测试执行和相关结果）。
- 测试程序（如何进行测试）。
- 历史记录（从备件到组装的每个步骤，记录操作人员和日期）。
- 连接器插拔列表（连接器插拔次数）。
- 配置项目列表（按线束分类的物料列表）。
- 申报的物料清单（所有使用的物料）。

第 7 章　星载计算机结构和热设计

Michael Lengowski，Fabian Steinmetz

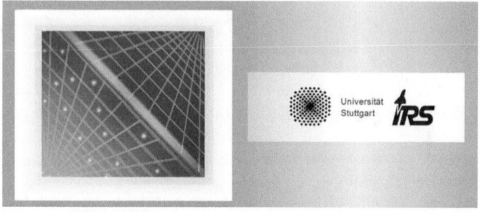

© Vilnis — Fotolia.com

7.1 结构和热设计需求分析

星载计算机（OBC）的机械结构和热系统由斯图加特大学空间系统研究所设计。通过采用尽可能紧凑的 OBC 外壳和电子设备配置，可以很好地适应 FLP 卫星的应用需求。结构设计和热设计的设计输入包括：

（1）结构设计

M01：机械结构应包括微处理器板、I/O 板、CCSDS 板和电源板以及相应结构配件。

M02：OBC 的最大包络尺寸不得超过 220mm×300mm×140mm（见图 7.1），重量不得超过 6kg。

主散热器

图 7.1   FLP 卫星中 OBC 包络尺寸（©斯图加特大学 IRS）

M03：OBC 在 X-Y-Z 坐标系任意方向上应能承受 100g 的准静态载荷。OBC 结构基频应高于 130Hz。

M04：结构外壳应提供与 PCB 之间的刚性连接以及与卫星结构的牢固连接。

M05：所有 PCB 以及内部互连线束应相互密封间隔以防止高频干扰。

M06：所有 PCB 可以单独测试以及装联操作。

M07：机械结构设计应保证全部 PCB 可以拆卸。

M08：所使用的组件应能耐受运行轨道热、EMC 和辐射等环境条件。

（2）热设计

T01：OBC 的工作温度范围应为 -40~80℃。

T02：PCB 与 OBC 结构外壳之间连接位置应避免产生高温热点。

T03：OBC 的测温传感器数量为 2 个。

T04：应安装保障生存级能力的备份加热器，以防止 OBC 因温度过低导致冷启动失效。同时，该功能应具有自主控制能力而无需遥控参与。

7.2　OBC 结构设计

7.2.1　OBC 结构概念

　　给定的机械要求具有模块化的紧凑配置，可以单独测试每个电路板。为了满足所需的包络要求，电路板采用3U 板卡尺寸（100mm×160mm），并且都以垂直方向定向，如图 1.2 所示。这种设计使得所有板与卫星辐射器基板实现热耦合平衡，从而保证整个 OBC 外壳的温度分布均匀。模块化配置是通过用单个笼屉式框架覆盖每个板来实现的（见图 7.2）。

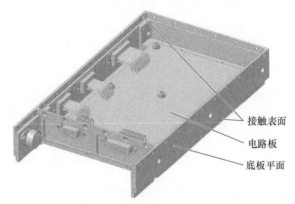

接触表面

电路板

底板平面

图 7.2　以电源板框架为例说明设计原理（©斯图加特大学 IRS)

　　笼屉式结构是电子设备的常用结构形式。笼屉式结构可以对每个模块单独进行测试，并确保安全和准确的处理。笼屉式结构设计用于密封安装的电路板，使其免受外部和彼此之间的高频干扰影响。这是通过对框架和外板之间的每个连接边缘采用两个矩形接触表面来实现的。此外，沿接触面每隔20mm 间隔的螺钉会产生压缩力，从而在连接面之间形成非常薄的间隙。整个设备各个方向均是密封的，仅在边缘留有止口配合间隙。

　　为了将 PCB 连接到笼屉式框架，大多数商业电子产品中都安装了额外的拉杆，从而形成了一个非常坚固的堆栈。这种带有 4 根杆的标准解决方案外形尺寸较大。对于非常紧凑的微小卫星，飞行件线束包络过大难以采用这种 OBC 解决方案。在选定的设计中，每个模块都通过 3 个 M5 螺钉安装到卫星结构的底板上，以实现结构稳定。因此，该底板承担了下拉杆的功能。为了允许从卫星底板上安装和多次拆卸/重新安装整个 OBC，所有 M5 螺钉均为带螺纹的螺钉。传统笼屉式框架设计的上拉杆被带锁定框架互连结构所取代，以防止框架相对于彼此移动。大量的 M2 螺钉用于加强固定。为了在框架/底板接触面上实现平面安装，选择了小沉头螺钉。

　　OBC 板连接到两个不同的线束。第一个是卫星线束，为 OBC 和航天器组件提供电源。该线束直接从 CCSDS 板、I/O 板和电源板引出。根据这些 OBC 外部连接器上所需的引脚数，PCB 长边用于这些连接，而每个 PCB 的短边提供内部连接器（见图 1.2、图 2.1、图 3.7、图 7.3 和图 7.4）。

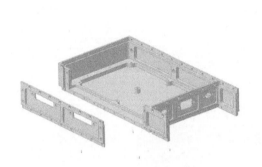 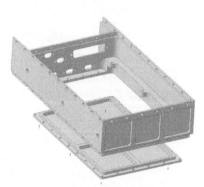

图 7.3　I/O 板结构框架构形　　　　图 7.4　处理器板框架构形
（©斯图加特大学 IRS）　　　　　　（©斯图加特大学 IRS）

　　连接到 I/O 板的大量外部线束需要两个特殊连接器，其集成密度高于标准 D-Sub 连接器。特殊的 100 针 Micro-D Axon 连接器用于这些接口，见图 3.7 中的连接器 D 和 E。

　　OBC 内部线束（见第 6 章）将 OBC 板相互连接起来。要求内部线束屏蔽来自电路板的高频干扰影响，不向电路板辐射任何高频，并且屏蔽来自 OBC 外部环境的高频干扰影响。因此，框架设计有一个上下重叠的突出空间，以便组装时在 OBC 外壳中创建一个额外的前隔间，见图 1.2、图 7.3 和图 7.4。隔间的这些边缘与具有两个矩形接触表面的电路板隔间采用相同的结构方式。

　　为了提供便于更换电路板，框架设计为两部分。在 CCSDS 板、I/O 板和电源板的情况下，笼屉式结构分为框架部分和用于外部连接器的盖板。这种设计允许在拆下框架盖板之后从框架上拆下电路板。为了确保高频信号屏蔽，这里也使用了止口结构。对于没有外部连接器的 CPU 模块，需要拆下背板才能看到内部连接器。其配置如图 7.3 和图 7.4 所示。

　　所有框架都在后平面和外表面进行了开凹槽处理，以减轻质量。顶部和侧面凹槽从外部应用且可以铣削。后部平面凹槽必须从框架内部制成，以便在 PCB 和框架之间形成热传导接触表面。为了增加框架中电路板的本征频率，在每个板的中心都有一个额外的安装点。

　　此外，每个框架中都设有两个通风孔，以便更快地抽空笼屉式结构中的空气。为了防止潜在的高频泄漏，这些通风孔的直径非常小，只有 1.5mm，并围绕成一个矩形拐角，其通过一个从内部的孔和一个从外部的孔以直角相交来实现的。OBC 外壳的其余开口表面由 3 个整体制造的板封闭，参见图 1.2 中的前盖（在图 1.2 中移除）、最右侧框架的盖和左侧小隔间盖。OBC 的一般机械性能见表 7.1。图 7.5 所示为 OBC 外壳的封闭组件。

表 7.1　OBC 的特性

特性	性能
质量	4.98kg
体积	267mm×217mm×121mm
材料	EN AW-6082(AlMgSil)
转动惯量/kg·m³	$L_{xx}=0.095\ L_{yy}=0.137\ L_{zz}=0.181$ $L_{xy}=0.065\ L_{xz}=-0.039\ L_{yz}=-0.03$
第一特征频率（FEM）	174Hz
准静态设计载荷	100g

图 7.5　前盖封闭的 OBC 组件构形（©斯图加特大学 IRS）

7.2.2　机械尺寸标注和概念验证

OBC 外壳的设计和尺寸标注是使用达索系统公司的 CAD 软件 CATIA V5 R20 和西门子 PLM 软件的 Nx I-deas 6.1 完成的。CATIA 是一个多平台 CAD/CAM/CAE 程序，被用作斯图加特大学微小卫星项目的主要机械设计软件。CAD/FEM 软件 NX I-deas 用于协助进行机械尺寸标注。由于软件工具及其实现的差异，创建了两种不同的模型：

● 在 CATIA 中创建了一个 3D 模型，用于拟合和碰撞分析以及详细说明制造过程。

● 另一方面，FEM 模型由二维单元组成，用于仿真外壳网格划分。

选择这种网格类型是为了减少计算时间并提高仿真的准确性。使用 3D 网格将会因更多的网格数而导致更长的仿真时间。

OBC 框架及其电路板均在 FEM 仿真中建模。所有外壳网格均根据 CAD 数据中的厚度进行定义。为了简化建模过程，切口的半径不包括在仿真中，电路板的电气元件建模为板上的非结构质量，预计 PCB 上的组件准均匀分布。板与框架的连接由所有 7 个螺钉位置的一维刚性单元表示。这种刚性单元是两个节点之间的连接，保持它们之间的距离和角度恒定（见图 7.6）。

图 7.6　OBC 的准静态仿真（单位为 N/mm^2）（©斯图加特大学 IRS）

OBC 模型由 24 个约束作为边界条件固定，每个约束都没有任何平移和旋转自由度。对于这些约束，选择了拧紧点处的节点。尺寸标注是通过准静态和模态分析完成的。在准静态仿真中，对模型施加了 100g 的加速度载荷。为了仿真来自不同方向的准静态载荷，定义了 3 种载荷工况来仿真 OBC 的 x、y 和 z 方向的加速度。通过这些仿真，确定了结构应力，该应力必须低于允许的材料特性值。

模态分析计算 OBC 的第一特征频率，这些频率需要在 130Hz 以上，以便对运载火箭引起的 FLP 卫星的第一共振频率有足够的余量。CAD 模型中 OBC 的设计可以通过这些仿真的结果进行优化。结果见表 7.2。

表 7.2　OBC FEM 仿真的载荷、变形和第一特征频率

仿真	结果	允许值
x 方向准静态载荷 100g	39.0N/mm^2；0.042mm	135N/mm^2
y 方向准静态载荷 100g	38.9N/mm^2；0.311mm	135N/mm^2
z 方向准静态载荷 100g	47.4N/mm^2；0.155mm	135N/mm^2
模态分析的第一特征频率	174.6Hz	130Hz

OBC 组件在安装到 FLP 卫星平台时进行了振动测试。FLP 卫星的其他组件展示了所应用的笼屉式结构优势，这些组件具有相同尺寸的 PCB，并采用相同的框架尺寸，OBC 结构强度还与壁厚、螺钉安装和结构框架之间的互连相关。在每个轴上进行随机振动和正弦振动测试，施加在这些单元上的载荷见表 7.3 和表 7.4。

表 7.3　随机振动试验载荷

频率/Hz	验证等级 PSD/（g^2/Hz）
20	0.017
110	0.017
250	0.3
1000	0.3
2000	0.077
gRMS	19.86
持续	3min/轴

表 7.4　正弦振动试验载荷

	频率范围/Hz	验证等级
纵轴	5~21 21~100	12.5mm（0 至峰值） 11g
横轴	5~16.7 16.7~100	12.5mm（0 至峰值） 7g
扫描速率 扫描次数	2Oct/min 一次上扫	

7.3 OBC 热设计

为实现微小卫星结构小型化设计，必须考虑热平衡方面的一些特殊性因素。与大型卫星中的电子设备相比，微小卫星没有大的隔间来将热量辐射到其中，使废热可以被吸收并进一步传导/辐射出去。

因此，CDPI 单元 OBC 和 PCDU 在热设计上被安装在散热板上，废热可以在该散热板上被传导到航天器外侧，并且在航天器外侧被辐射到太空中。在 FLP 卫星中，散热器同时与火箭适配器环形成结构底板，另见第 10 章。为了适当冷却，CDPI 单元的外表面还涂有具有高发射率的热涂料。OBC 单元框架的内部也被漆成黑色，以防止电子板上出现热点，并允许高热辐射芯片将其废热辐射到电路板的框架上。

正如前面关于 OBC 电源板和内部 OBC 线束的部分所述，OBC 在每个二次 PCB 框架上都配备了加热器，用于将 OBC 板保持在最低工作温度以上。加热器控制由简单的温控器执行，以便在 OBSW 故障时也能正常工作。加热器和开关的位置已在图 5.11 和图 6.10 中展示。标准工作模式下，OBC 在脱离地面测控区后发生严重故障，OBC 的温度可能会降至-40℃以下，如果 PCDU 没有提供加热器电源，则需要多次尝试重新配置，并持续几个轨道周期。此外，在通过 PCDU 为加热器供电达到 OBC 正常工作温度之前，不能进行 OBC 上电。该任务由嵌入在 PCDU 单元内的组合控制器中的 CPDI FDIR 功能接管。

7.3.1 热模型

为了识别 OBC 外壳的热行为，使用软件 ESATAN-TMS 建立了一个集总参数模型（见参考文献［73］）。该模型如图 7.7 所示，用不同的颜色描绘了每个单独的框架。为了便于比较，OBC 的 CAD 模型如图 7.8 所示。

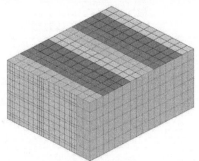

图 7.7 OBC 的热模型（©斯图加特大学 IRS）

青色—电源板框架　蓝色—CCSDS 板框架　红色—处理器板框架　黄色—I/O 板框架　绿色—线束盖

注：彩图见插页。

图 7.8　OBC 的 CAD 模型（I/O 板框架突出显示）（©斯图加特大学 IRS）

OBC 的每个部分都是单独建模的，并通过用户定义的导电耦合连接。实体零件元素被合并在一起，以便正确地表示每个整体加工零件的热导率。

图 7.9 显示了与图 7.10 所示的 ESATAN 模型相比的 CAD 框架。PCB 的网格旨在正确表示 PCB 和框架之间的接触表面区域。这种接触会显著影响传导的热通量，从而影响 PCB 的温度。对于节点之间的接触电导率，假定为 $300W/(m^2 \cdot K)$。该值代表螺钉连接的平均值[74]。这些值已通过热真空测试得到验证（见图 7.11）。

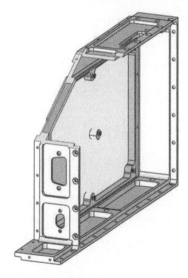

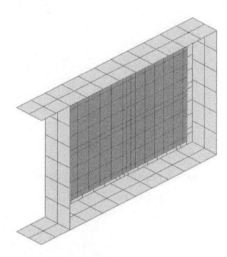

图 7.9　OBC 框架的 CAD 表示
（©斯图加特大学 IRS）

图 7.10　框架（浅色）和 PCB（深色）的
热网络模型（©斯图加特大学 IRS）

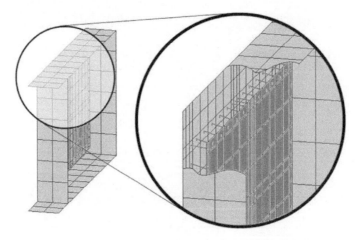

图 7.11　OBC 板的接触电阻（©斯图加特大学 IRS）

　　出于分析的目的，假设 PCB 上的散热量均匀分布在每块板上，与板的类型无关。图 7.12 显示了网格的散热部分。每个 PCB 上的功耗见表 7.5。

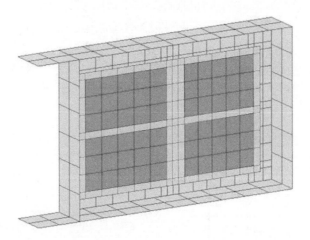

图 7.12　PCB 上的散热表面（深色）（©斯图加特大学 IRS）

表 7.5　热耗

PCB	功率/W
处理器板	4.75
I/O 板	1.5
CCSDS 板（热冗余）	2×1.0
电源板	0.95+0.3+2×0.2＝1.65

OBC 单元中的每个 PCB 都是冗余的。除了某些 FDIR 和修正情况外，处理器板和 I/O 板通常以冷冗余运行，CCSDS 板在热冗余中永久运行。应用于 OBC 热模型的材料参数见表 7.10 和表 7.11。

7.3.2　热计算结果

该热模型还用于验证在不同热环境条件下对散热器板的热传导。应用条件见表 7.6。

表 7.6　热仿真边界条件

	热壳	冷壳
卫星内部温度	50℃	0℃
轨道高度	500km	650km
卫星指向	惯性	自旋稳定
卫星模式	空闲	安全

仿真运行的结果如图 7.13 和图 7.14 所示。从这些可以得出结论，OBC 内的热传输足以将其自身的耗散功率和从卫星内部到 OBC 的耗散功率传导到散热器，PCB 与安装框架充分热耦合连接。

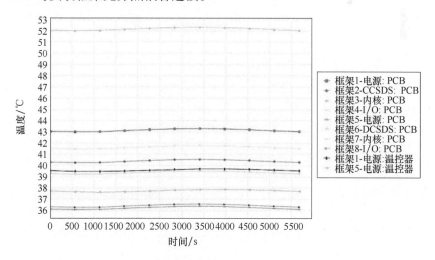

图 7.13　温度图（热壳）（©斯图加特大学 IRS）
注：彩图见插页。

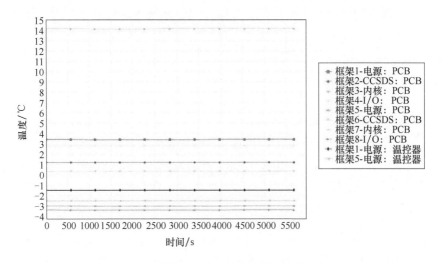

图 7.14　温度图（冷壳）（©斯图加特大学 IRS）

注：彩图见插页。

7.3.3　OBC 内部加热器

已经讨论过，在较长时间未启动的情况下，OBC 温度可能会降至最低工作温度以下。例如在卫星 OBSW 故障的情况下，导致卫星翻滚和日食时停电时间更长，需要在激活任何板之前使能 OBC 的加热器。接下来详细介绍这些加热器的尺寸及所选部件。加热器在每个 OBC 框架上的定位请参见图 7.15 和图 7.16。

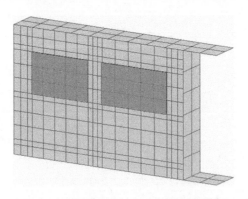

图 7.15　框架上的加热器模型（深色）（©斯图加特大学 IRS）

加热器以加热垫的形式粘在框架底板上，通过框架底部将热量传导到安装它们的结构上，最后将热量辐射到堆叠在其上的相邻框架中，其开口侧朝向加热器。

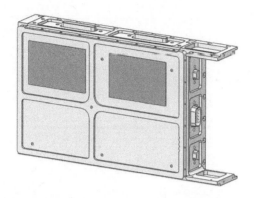

图 7.16　框架上加热器的 CAD 图（深色）（©斯图加特大学 IRS）

热模型分析表明，由于越来越多的产生的热量直接传导到卫星的散热器而不是到达 PCB（见图 7.17），40W 以上的电功率不足以对 PCB 进行加热。因此，选择加热器电阻以保证总共 40W 的最大加热功率。未调节的一次母线电压可能会导致加热功率变化。

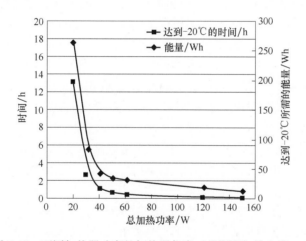

图 7.17　不同加热器功率的加热器仿真（©斯图加特大学 IRS）

在 OBC 内部，一组 4 个主份加热器并联切换，另一组用于相同框架内的 4 个加热器代表备份。因此，在放置加热器的每个框架内，存在一个主份加热器和一个备份加热器。在最坏的情况下，在太阳电池板不向卫星总线供电的情况下，加热器会被激活。在这种情况下，加热器的设计电压是可能的最低电池电压 22V。因此，选择加热器电阻可以在这种情况下提供大约 5W 加热功率（见图 7.18）。

这些加热器是从 Minco 公司购得的，适用于符合 NASA 标准的真空环

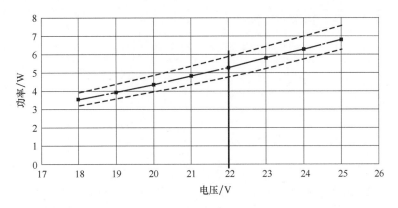

图 7.18   每个加热器加热功率（点画线—高于电池电压、虚线—容差带、
粗实线—最小电池电压）（©斯图加特大学 IRS）

境[57]。为 OBC 选择的加热器类型为 HK5591 型，带有铝背衬和压敏黏合剂，适用于−73 ~ 150℃ 的温度范围。只要向加热器连接器供电，加热器就会由双金属温控器激活，因此在 FDIR 状态下无需激活微控制器即可对其进行控制。温控器由 COMEPA 公司根据 ESA ESCC 3702 和 3702/001 双金属开关标准制造和测试[76]，这些温控器属于空间组件的欧洲首选元器件[77]。

通过使用热集总参数模型再次实现了最佳温控器开关温度的分析。通过仿真冷却和加热场景分析温控器位置的温度和 PCB 温度。为了精确评估必要的加热器激活下限 T_r，使用 OBC 热模型执行了瞬态冷却仿真。一种情况从 OBC 的工作温度上限开始，一种情况来自温度适中的低温情况。该模型假设所有 OBC 板本身都处于"关闭"状态，即不散发任何热量。结果表明，当达到−40℃ 的最低工作温度时，网络中几乎不再存在温度梯度。因此，温控器的激活温度可以直接设置为 PCB 的最低工作温度，即−40℃。

采购的 OBC 飞行件温控器的开关温度在 IRS 场所的热真空室中进行了标定。测试结果符合供应商数据和开关温度上限 T_f 的±1K 测量容差。开关温度下限 T_r 的测量值超出了此容差。但这些设备的整体系统性能仍然有效，因为它们甚至会在达到−40℃ 的临界温度之前激活加热（见表 7.7）。

表7.7   温控器开关温度（规格和测量数据）

	制造商规格值	测量值	制造商规格值	测量值
温控器 1/℃	−27.43	−27.31	−41.74	−39.45
温控器 2/℃	−25.62	−24.92	−39.51	−37.66

通过热模型进行分析，在加热期间将达到热敏电阻开关温度上限，考虑到 OBC 外壳前隔间中的温控器位置，分析不同的加热器配置和不同的电源电压。这些仿真的结果以及加热仿真的示例温度图表见表 7.8 和图 7.19。

表 7.8　加热持续时间和消耗的能量

加热器线	电池 22V→每个加热器 5.88W			电池 25V→每个加热器 7.60W		
	1&2 → 47.1W，1 → 23.52W，2→23.52W			1&2 → 60.8W，1 → 30.4W，2→30.4W		
PCB 达到−40℃的时间/s	1680	4080	4080	1320	2760	2760
温控器达到−27.43℃和−25.62℃的时间/s	4020	16800	16800	3240	8940	8940
产生的加热期/s	2340	12720	12720	1920	6180	6180
所需的额外能量/Wh	26.0	141.3	141.3	21.3	68.7	68.7

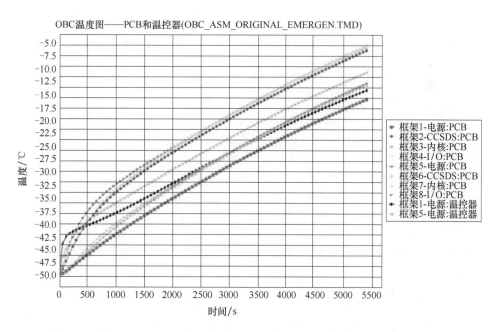

图 7.19　OBC 加热，所有加热器启动，电池电压为 25V（©斯图加特大学 IRS）

注：彩图见插页。

7.4 OBC 外壳材料特性

OBC 外壳材料特性见表 7.9、表 7.10、表 7.11。

表 7.9 OBC 结构模型（材料特性）

特性	AL EN AW 6082 T651
材料	金属
$E/(\text{N/mm}^2)$	70.000
$G/(\text{N/mm}^2)$	26.700
v	0.34
$\rho/(\text{kg/m}^3)$	2.700
$\alpha/(10^{-6}/\text{K})$	23.5
$\lambda/[\text{W}/(\text{m}\cdot\text{K})]$	170
$c/[\text{J}/(\text{kg}\cdot\text{K})]$	900
$R_{p0,2}/(\text{N/mm}^2)$	240

表 7.10 热模型（星体材料特性）

星体材料	$\rho/(\text{kg/m}^3)$	$c/[\text{J}/(\text{kg}\cdot\text{K})]$	$\lambda_p/[\text{W}/(\text{m}\cdot\text{K})]$	$\lambda_n[\text{W}/(\text{m}\cdot\text{K})]$
铝（Al 6082）	2700.00	900.00	150.00	150.00
铜	8920.00	385.00	394.00	394.00
FR4	1500.00	1800.00	0.30	0.30
PCB	1662.00	1634.00	8.90	0.31
Kapton	1420.00	1090.00	0.37	0.37
Kapton 加热器	3770.00	606.21	5.21	0.55

表 7.11 热模型（应用材料的光学特性）

表面材料	ε_{IR}	α_S
Aeroglaze Z307	0.89	0.97
二次表面镜	0.75	0.09
FR4	0.91	—
Kapton	0.62	0.39

第 8 章　电源管理与配电单元

N. N. ，Alexander N. Uryu

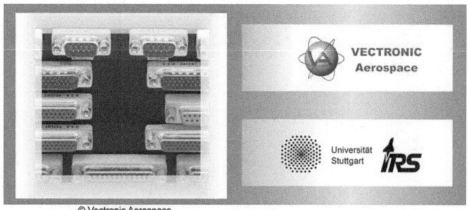

© Vectronic Aerospace

8.1 引言

电源管理与配电单元（PCDU）通常在卫星系统中承担功率调节、控制和分配以及母线电压监测和保护等功能。因此，PCDU 与 OBC 都是卫星上的关键部件。在 PCDU 中增加一些特定功能将形成本书所介绍的数据与电源综合管理架构（CDPI）。本章将介绍传统 PCDU 和具备 CPDI 能力的特定 PCDU 主要功能。

FLP 卫星的 PCDU 是与经验丰富的工业合作单位合作开发的。工业机构中质量保证（QA）的专业知识和规范化设计经验极大地促进了其产品的质量标准。PCDU 工业合作单位是柏林的 Vectronic Aerospace GmbH，其具有多年小型卫星 PCDU 及卫星其他组件制造领域的经验。

本章将介绍的 PCDU 功能规范是根据 CDPI 系统和 FLP 卫星的任务要求而制定的。根据该规范，Vectronic Aerospace 分别制造了一台电性件和一台飞行件，这两个产品都在 Vectronic Aerospace 试验室进行了电气性能验证，并在斯图加特大学空间系统研究所试验室进行了功能性验证。

本章涵盖以下内容：
- FLP 卫星的电源分系统。
- 整体 PCDU 设计。
- 功率调节和控制概念。
- 模拟数据处理概念。
- OBC 的重新配置功能。
- 整个卫星系统的重新配置功能。
- 多样化的功能。
- 操作约束与限制。
- 各单元对外接口。

8.2 卫星典型电源分系统中的 PCDU

与大多数绕地球运行的卫星一样，FLP 卫星一次电源和储能单元采用传统设计方案：一次电源采用太阳电池，二次能源存储采用蓄电池组。

FLP 卫星共有 3 个太阳帆板，它们以两种不同的配置实现，一种是在与运载火箭的上级分离后展开的侧面帆板，另一种是安装在卫星本体上的中央帆板（详情参阅第 10 章）。一次电源采用 AZUR Space Solar Power 的 GAGET1-ID/160-8040[78]太阳电池，二次电源采用 A123 Systems[79]的磷酸铁锂二次电池。中央帆板包括一个太阳电池在轨试验子串，采用的是 AZUR Space Solar Power[80]效率为 27.8%（寿命初期，28℃，AM0）的太阳电池，在 FLP 卫星在轨运行期间进行空间鉴定试验。表 8.1 简要概述了 FLP 卫星的电源分系统技术参数，详细的技术信息请查阅相应的数据表。

表 8.1　FLP 卫星太阳电池和电池关键特性概述

太阳电池	
型号规格	GAGET1-ID/160-8040
材料	$GaInP_2/GaAs/Ge$，Ge 衬底
效率（寿命初期，28℃，AM0）	25.3%
FLP 卫星太阳帆板最大总输出功率	大约 270W
二次电池	
类型	磷酸铁锂
型号规格	ANR26650M1-B
寿命初期总容量	35Ah

8.3　PCDU 设计概述

PCDU 采用两个 RENESAS Electronics 的 SH7045 32 位高速单芯片微控制器[84]执行操作任务。这些控制器已成功应用于 Vectronic Aerospace 的多项太空任务。

PCDU 由 5 个 PCB 板卡组成，这些 PCB 板卡在顶部装配有盖板。连接器侧的两个螺纹允许固定接地片，以便与结构外壳实现完好的电气连接。所有 PCB 都连接到结构外壳接地。

所有连接器采用 Sub-D 标准型或 Sub-D 高密度型，因为这两种连接器类型都相对便宜且易于加工。图 8.1 所示为 PCDU 的电性件，用于在斯图加特大学空间系统研究所开展功能测试试验验证。表 8.2 所示为该设备的主要电气和机械特性。PCDU 的 CAD 设计图详见 11.10 节。

图 8.1   PCDU 电性件产品（© Vectronic Aerospace GmbH）

表 8.2   PCDU 技术指标

参数		最小值	典型值	最大值	单位
25V 辅助电源供电电流（待机）		90	100	120	mA
25V 辅助电源功耗（待机）		—	2.5	—	W
母线电压		18.5	—	25.5	V
复位恢复时间		—	10	20	s
质量		—	4.14	—	kg
尺寸	高	—	117.4	—	mm
	宽	—	220	—	mm
	长	—	160	—	mm

　　该设备静态功耗低于 5W。为保证良好散热，Vectronic Aerospace 设计将熔断器、开关或 CPU 等发热部件放置在底板附近的 PCB 上，底板与结构相连。剩余的表面部分以亚光黑色阳极氧化处理，通过辐射增强热平衡。在 CPU 板卡 PCB 设计内部加热有助于快速升温至−20℃，以防止由于过高的温度梯度引起的热应力损坏电子部件。此外，PCDU 的工作温度下限为−40℃，通过提高 PCDU 的环境适应能力来提高卫星系统的可靠性。PCDU 运行温度由内部 5 个温度传感器进行监测。

　　根据 FLP 卫星设计规范，PCDU 设计为具有单一故障容错能力。这意味着在主份发生故障的情况下，备份单元或备份功能路径将承担相应功能。飞行件

需通过振动和热真空试验等环境测试，以保障安全发射和在轨可靠运行。此外，
PCDU 需在空间辐射环境影响下可靠地完成其任务，卫星设计寿命为两年。根据
参考文献 [81]，预计每年承受 1~10krad 辐射剂量。

8.3.1　PCDU 接口

　　PCDU 设计了许多对外接口，用于连接数字设备、模拟设备以及与 OBC 的
串行数据接口。此外，PCDU 还为太阳帆板、蓄电池组和配电单元提供电气接
口。在整个 CDPI 架构的框架内，为卫星操作、系统监控以及 OBC 监控和重新
配置的所有任务提供了对外接口。主要接口如下所示，接口详细介绍参见表
8.12，接口互连关系详见表 11.48~表 11.50。图 11.10 详细介绍了 PCDU 的外
形尺寸包络。

- 太阳帆板接口。
- 蓄电池组接口。
- 所有组件的电源。
- 蓄电池组过充保护。
- 与运载火箭接口。
- I/O 板与 OBC 处理器板的 RS422 通信接口。
- 用于高优先级指令的 RS422 通信接口。
- 温度传感器接口。
- 太阳敏感器接口。
- 太阳帆板展开状态指示接口。
- 与在轨试验太阳能测试子串的接口。

8.3.2　PCDU 遥控指令定义

　　通常，通用遥控指令可用于控制熔断器、开关和 PCDU 模式切换，并请求
传送传感器数据和 PCDU 状态。所有通用遥控指令和相应的遥测数据都可以通
过全双工 RS422 接口以 115200Baud 的波特率传输。遥控指令传输协议包括一个
8 字节的强制部分和一个可选数据部分，见表 8.3。

表 8.3　通用遥控指令的协议结构

8 字节协议结构								
字节编号	0	1	2	3	4	5	6	7	8
含义	LEN1	LEN0	CMDC	CMDID	P1	P0	CRCH	CRCL	CC Data
字节	说明								
LENx	指令后的数据块长度，大端模式，指令的初始 8 字节始终是强制性的								

（续）

8 字节协议结构									
字节编号	0	1	2	3	4	5	6	7	8
CMDC	指令计数，每发送一个指令递增，用于确认识别								
CMDID	指令 ID，指令组的标识								
Px	指令参数								
CRCH	16 位 CRC-CCITT（字节 0~5），高字节								
CRCL	16 位 CRC-CCITT（字节 0~5），低字节								
CC Data	可选数据块，最大 65536 字节加上 2 字节数据 CRC								

每个通用遥控指令均通过指令返回确认，也称为回显，用于通知接收和执行状态。指令返回还可以包含对先前发送的指令的遥测（TM）。指令应答的协议结构组成见表 8.4。

表 8.4   遥控指令应答基本结构

8 字节应答结构									
字节编号	0	1	2	3	4	5	6	7	8
含义	LEN1-E	LEN0-E	B2-E	CMDID-E	P1-E	P0-E	CRCH	CRCL	Rx Data
字节	说明								
LENx-E	回显之后的数据块长度，大端模式，指令的初始 8 字节始终是强制性的								
B2-E	字节 2：0x00								
CMDID-E	CMDID；接收到指令的指令 ID								
P1-E	执行接收指令：0xF0→是；0x0F→否								
P0-E	CMDC，接收指令的指令计数								
CRCH	16 位 CRC-CCITT（回显字节 0~5），高字节								
CRCL	16 位 CRC-CCITT（回显字节 0~5），低字节								
Rx Data	可选数据块，最大 65536 字节加上 2 字节数据 CRC								

8.4   PCDU 启动时序和 PCDU 运行模式

星箭分离后逐步启动 PCDU 以保证整个卫星系统正常进入第一个稳定的

卫星模式（即系统安全模式）。在 OBC 板由 PCDU 加电并承担对卫星控制之前，启动过程包括特定的先决条件。需执行以下措施以防止损坏关键卫星单元：

1）PCDU 内部加热器将设备加热到其工作温度极限。

2）检查电池的电量以完成整个启动过程，直至进入系统安全模式。

3）检查 OBC 单元和 TT&C 收发器的温度水平。如果温度低于操作限制，PCDU 会激活两个单元的冗余加热器设计的电源开关。这些加热器包括热敏电阻，以便于加热到指定的工作温度。或者，实施根据热仿真结果设置的定时器条件。一旦满足定时器条件，PCDU 就会继续启动过程。

4）最后一步结束了系统安全模式的启动过程。

从这里，OBC 可以指令卫星的所有其他定义的操作模式。

8.5　电源管理与配电控制功能

PCDU 的主要任务是调节和分配卫星平台上的功率传输，保障卫星母线可靠供电。同时，采取特定的保护措施以防止损坏星载组件或蓄电池组，保障卫星任务顺利实施。图 8.2 所示为 PCDU 电路功能框图及其与卫星母线之间功率互联关系。

每个太阳帆板作为一个分阵通过蓄电池组充电调节器（BCR）与对应一个蓄电池组相连，以防止单点故障。如果所有分阵相互连接，则当非绝缘电缆意外与结构外壳相连时，将可能导致一次母线对地短路故障而无法对卫星平台正常供电。FLP 卫星采用的是非直接能量传递电源系统架构[82]，不调节母线电压范围为 18.5~25.5V。BCR 位于直接能量传递路径中，以保护卫星总线免受过高电压的影响或电流瞬变。每个 BCR 分别设置 25.5V 的电压上限，这与每个蓄电池组的充电终点电压相对应。

3 个独立的太阳帆板分阵在 PCDU 的分流开关之前分别通过二极管实现并联合路，防止任一分阵电流流入另一个分阵。如果其中一个蓄电池组或太阳帆板出现开路或短路故障，其他两个分阵的能量为卫星平台供电。分阵 0 和分阵 1 分别代表侧面展开太阳帆板供电路径，而分阵 2 代表中央体装帆板和在轨试验测试子串路径。在轨试验测试子串默认对卫星平台进行供电。

载荷配电通路控制采用熔断器和开关来实现，一旦测量到过电流，PCDU 就会通过限流保护控制器（LCL）关断该配电通路输出。为降低体积和成本，部分配电通路输出共用一个熔断器。但是，对于 OBC 板和 TC 接收器等关键板载组件，每个配电通路采用单独的一个熔断器。为保证可靠配电输出，对于多个配电通路共用一个熔断器时，额外采用单独的开关对各配电通路进行控制。为了

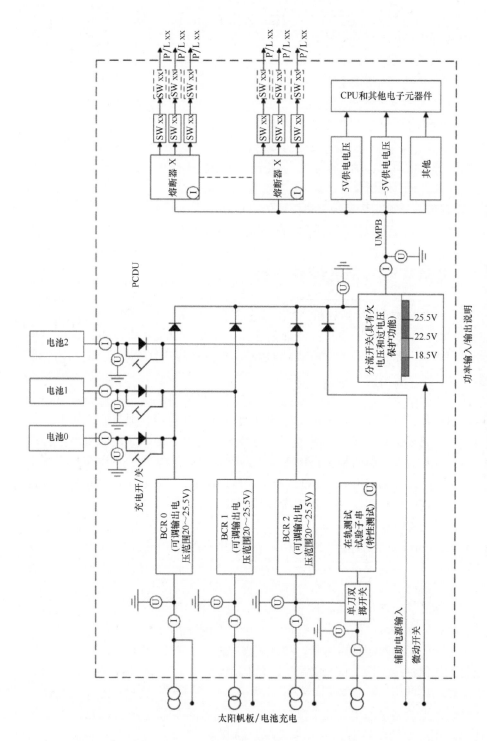

图 8.2 PCDU 电路功能框图与功率互联关系（©斯图加特大学 IRS）

保护卫星一次母线，大功率载荷采用两个串联的开关进行配电控制。任务周期内如果一个开关应断未断，如有必要则可以通过断开第二个串联开关来切断该大功率载荷供电。限流保护式熔断器可以在发生过电流故障后重新被接通，该通路载荷将能够实现任务恢复。熔断器和开关组件的完整列表详见表 11.51。

　　除了上述用于星载载荷配电控制的熔断器开关控制和保护系统外，还有两个磁保持继电器。这些磁保持继电器专用于蓄电池组加热器控制，为了维持蓄电池舱的环境温度，即使蓄电池组处于欠电压保护时，该继电器均处于闭合状态。由于蓄电池组对其存储温度条件非常敏感，上述设计可以避免蓄电池组因温度过低而导致失效。

　　图 8.3 所示为 PCDU 与其中一个蓄电池组之间的连接关系。蓄电池组的充放电由充放电接口（IF）控制。默认情况下，充电开关闭合以允许对蓄电池组充电。如果充电需要中断，则可以断开充电开关。此时，蓄电池组仍可以通过二极管放电通路对卫星平台进行供电。

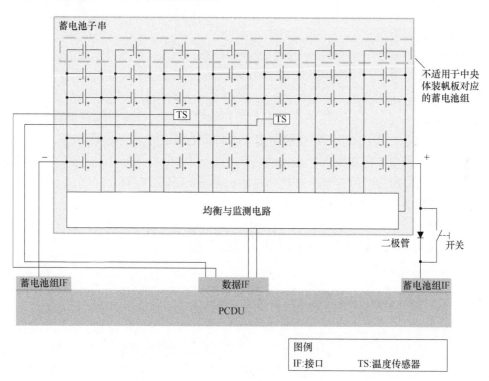

图 8.3　PCDU 与其中一个蓄电池组的连接关系（ⓒ斯图加特大学 IRS）

　　由于 PCDU 只检测整个蓄电池组的电压，单体电池无法实现过充保护。为了防止单体电池出现过充问题，在蓄电池组中增加单体检测电路用来监控单体电池电压。如果单体串联电池的电压差异太大，则在整组电压达到 25.5V 前单体电池可能出现过充问题。PCDU 具有用于接收单体检测电路输出的信号接口。PCDU 接收到单体过充保护信号后，将断开蓄电池组充电开关并持续一定时间，从而实现过充保护。如果发生故障，PCDU 有可能忽略该单体过充保护信号。

每个蓄电池组配备两个温度传感器，用于蓄电池组温度检测。如果蓄电池组超过温度上限，将停止充电，以防止蓄电池组因温度过高而永久损坏。

蓄电池组的荷电状态（SOC）通常由星载软件（OBSW）根据收到的 PCDU 遥测信号在 OBC 中计算，OBC 再将计算值传递给 PCDU 进行模式控制。本项目中 SOC 的计算由 PCDU 独立执行，因为当 OBC 仍处于停用状态时，在启动期间需要此信息。

如果蓄电池组电压低于 18.5V，将启动欠电压保护功能以保护蓄电池组。测量点位于 PCDU 的放电开关上，必须防止蓄电池组因容量耗尽而彻底损坏。当欠电压保护启动时，PCDU 和整个卫星平台将停止运行。因此，卫星 OBSW 运营管理应避开这一下限。欠电压保护启动时，卫星系统设置为低功率安全模式，太阳帆板仅对电池充电，在达到最低电压水平之前，有足够的裕度保证卫星平台生存。为了避免卫星开启和关闭的亚稳定状态，PCDU 重新启动阈值电压设定为 21.5V，高于欠电压保护电压 18.5V。

多个配电通路共用一个熔断器时，OBSW 通过电流状态表来实现电流监测功能。当前电流状态表包含所有星载组件允许电流水平的参考值。此外，在配置列表的帮助下，PCDU 记录并监控在相应熔断器配电通路上通电的部件。一旦限流保护控制器电流超过当前状态表中的参考值，PCDU 将关断相应通路的限流保护控制器，以避免故障蔓延。该监测功能的重复频率高于 20Hz（超过主控制回路频率的两倍），以增强保护能力。

8.6 CDPI 架构中的 PCDU 特定功能

8.6.1 模拟数据处理概念

与传统 PCDU 第一个不同之处在于星载数据接收方法。通常，所有数据的采集由传统卫星中的一个单独设备实现，有时称为远程接口单元[10]。

对于 FLP 卫星，数字和模拟数据接口在指令链中是分开的。利用协同效应，PCDU 包含所有模拟板载接口。PCDU 中包含模-数转换器（ADC），因此无论采用什么方法来测量电压和电流，均需利用该 ADC。卫星单元的大多数数字接口由 I/O 板组成。划分这两种接口类型并将其分配给两个不同的组件可以降低每个单元的复杂性。因此，每个接口单元都可以尽可能快地开发，仅取决于各自接口的状态定义。此外，所需的鉴定工作是分开的，鉴定时间可以最小化，因为两个单元可以并行测试。

根据这个接口控制概念，PCDU 采集卫星上的所有模拟传感器数据，以及还采集 PCDU 所需的部分数字传感器数据。表 8.5 所示为 PCDU 采集的传感器数据。

表 8.5　PCDU 采集的传感器数据概览

数据信息	功能连接数量	数据类型
温度传感器（热敏电阻）	32	模拟
太阳敏感器（电流）	16	模拟
太阳帆板和蓄电池组状况（电压/电流）	3（太阳帆板）/3（蓄电池组）	模拟
在轨试验太阳电池测试子串的表征（电压/电流）	1	模拟
用于两个太阳帆板展开状态的簧片传感器	4	数字
运载火箭上面级的分离检测	1	数字
用于蓄电池组过充保护的监控信号输入	3	数字

上述传感器数据不在 PCDU 内部处理。模拟传感器数据由 ADC 转换为数字数据后，转发到 OBC 中进行处理，相关数据也被分发到相应的分系统控制模块。

8.6.2　OBC 的重新配置逻辑

如 1.4 节以及参考文献［4］所述，CDPI 中的组合控制器也用作 OBC 的重配置单元。在这种情况下，PCDU 控制器将接管 CDPI 组合控制器的功能。OBC 的不同板卡及其功能已在 1.2 节中进行详细介绍。为了保证卫星上的指令链正常工作，需要对 OBC 处理器板和 I/O 板进行操作。由于两个 CCSDS 板都是永久供电的，因此其中一个板卡出现故障时，热备份板卡将立即投入使用。热备份操作设计不适用于 OBC 处理器板。

但是，必须保证对任一故障 OBC 板卡的检测和重新配置。传统卫星通常具有独立的 OBC 内部重配置单元，可永久监控卫星 OBC 组件的运行。如果 OBC 组件不再正常工作，这个独立的重配置单元芯片（在大多数情况下是抗辐射 ASIC 芯片）将切换到相应的备份组件。如第 1 章所述，CDPI 的关键思想是采用智能 PCDU 的处理器来接管传统卫星重配置单元的任务，从而节省整个 OBC ASIC 芯片的开发、认证和制造费用。

OBC FDIR 的第一个重要步骤是故障检测：在 FLP 卫星概念中，OBC 通过公共指令以 10Hz 的固定间隔向 PCDU 发送重要的星务管理数据请求。该数据由 PCDU 在其控制环路中记录，经过调整以匹配 OBC 10Hz 的轮询周期。所有请求的数据均按要求提交给 OBC。周期性累积的数据包括：

- 蓄电池组状态：电压/电流/蓄电池组放电深度或通过 PCDU 计算的 SOC。
- 熔断器状态：开/关。
- 开关状态：开/关。
- 太阳帆板状态：电压/电流。
- 温度传感器数据。
- 太阳敏感器数据。

如果 PCDU 没有按规定循环轮询，则假定 OBC 系统的重新配置功能发生故障。图 8.4 所示为从 OBC 到 PCDU 的通用指令的指令链中涉及的 4 个 OBC 板，包括主份和备份 OBC 处理器板（或简称为"OBC 内核"）以及主份和备份 I/O 板。图 8.4 还介绍了 OBC 的 CCSDS 板与用于高优先级指令的 PCDU 之间的连接，下一节将进行详细说明。

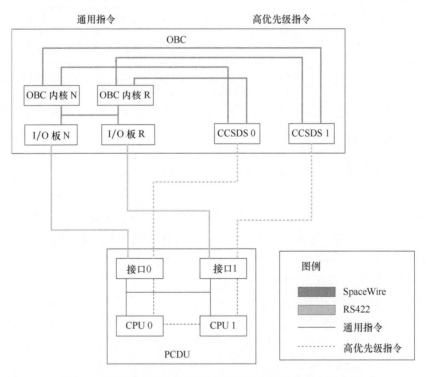

图 8.4　OBC 与 PCDU 之间接口通信（©斯图加特大学 IRS）

标记"0"和"1"表示各单元在热备份模式下运行。相比之下，在冷备份模式下运行的板卡则标记为主份（N）和备份（R）。

考虑到单个 OBC 故障可能导致 PCDU 端出现看门狗超时或 TM 请求超时，首先对于 CDPI 组合控制器来说，在这种情况下，无法确定哪个 OBC 板存在缺陷，这意味着由于 OBSW 崩溃而出现电气故障或无法运行。因此，执行 OBC 的特定重新配置程序，通过切换来恢复指令链的可操作性。在每个切换步骤之后，预计会有一个延迟时间（例如允许备份处理器板完全启动），并且 PCDU 会验证 OBC 是否再次恢复遥测轮询。此默认保持时间可以通过命令进行调整。如果继续轮询，则认为重新配置成功，并中止进一步的序列。如果尚未进行轮询，则执行下一个切换步骤：

- 关闭两个 I/O 板的开关，打开主份 I/O 板的开关。
- 关闭两个 OBC 处理器板的开关，打开主份 OBC 处理器板的开关。
- 关闭主份 I/O 板的开关，打开备份 I/O 板的开关。
- 关闭主份 OBC 处理器板的开关，打开备份 OBC 处理器板的开关。
- 关闭备份 I/O 板的开关，打开主份 I/O 板的开关。

一旦找到有效的指令链配置，PCDU 就会自动设置为微型操作模式，这对应于系统级别的安全模式。通过实施自主重新配置过程，卫星系统的停机时间被最小化。这是必不可少的，因为不受控制的卫星会使任务处于危险之中。如果没有 OBC 操作，卫星将失去其受控的供电姿态，其热平衡可能会受到影响。此外，可用于学术研究的地面站数量有限，而且它们并非一直都配备人员。在有人注意到故障并恢复系统之前可能已过去几天，这会增加任务失败的风险。

上述 OBC 重新配置概念的实施是合理的，因为 PCDU 本身配备有内部看门狗电路，该电路有助于 PCDU 内部冗余控制器之间的自主切换。因此，可以在没有明显延迟的情况下执行监控和切换任务，从而确保卫星系统的停机时间最短。

图 8.5 所示为 PCDU 内部控制器自主切换的看门狗功能。主份控制器和备份控制器都以热备份方式运行，主单元和从单元位于不同的电路中。主单元执行所有动作，而从单元监视主单元。

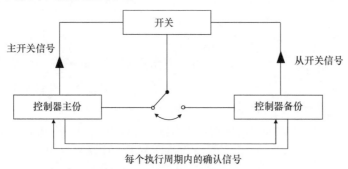

图 8.5　PCDU 内部主备份 CPU 开关机切换逻辑原理

主 CPU 在其处理周期内发送确认信号，以永久确认其可操作性。如果不再满足该条件，则切换逻辑指令将主功能切换到从单元。

8.6.3　航天器的重新配置功能

PCDU 的 FDIR 功能对于航天器系统至关重要。为了建立航天器运行和系统指令的可靠概念，将应用所谓的高优先级命令（HPC），以防航天器 OBSW 崩溃并且自动重新配置失败。参考文献［10］中详细介绍了 HPC 的概念。此类指令适用于主份指令链单元（例如，OBC 处理器板和 I/O 板）或 OBC 的 OBSW 无法运行的情况。在标准架构中，HPC 从地面提交给 OBC 的专用指令脉冲解码单元（CPDU），然后通过专用脉冲指令行指令控制 PCDU 继电器切换。在集成 CDPI 架构的情况下，HPC 也绕过 OBSW 指令链，但不需要 CPDU，因为它们直接从 CCSDS 板传输到 PCDU（见 1.4 节和参考文献［4］）。

下面对 CCSDS 协议的解释仅限于理解 HPC 传输和转发所必需的部分，CCSDS 标准的详细信息请查阅参考文献［23］。图 1.11 所示为从地面传输到卫星的上行链路遥控指令包的组成示例。在所谓的指令链路传输单元（CLTU）解码之后，遥控指令传输帧包含来自地面的指令。HPC 只转发帧头和遥控指令段。帧头中的虚拟通道（VC）指示哪个指令链单元接收数据。以下 4 种 VC 可用于 FLP 卫星：

- VC0：对 OBC 主份处理器板 N 的主份指令。
- VC1：HPC1 到主份 CCSDS 板 N。
- VC2：对 OBC 备份处理器板 R 的主份指令。
- VC3：HPC1 到备份 CCSDS 板 R。

主份指令分配给 VC "0" 和 "2"，而 HPC 分配给 VC "1" 和 "3"。由地面指挥的 HPC 称为高优先级命令 1（HPC1）。HPC2 则由 OBC 软件进行处理。遥控指令段包含多路复用器接入点标识符（MAP-ID）。等于 "0" 的 MAP-ID 表示遥控指令段包含 HPC1，并且包含的指令内容直接从 CCSDS 板转发到 PCDU。所有不等于 "0" 的 MAP-ID 都表示 PUS 数据包，并传输到 OBC 处理器板以供 OBC 软件进一步处理。

如 1.4.2 节中所述，传统卫星可能在配备一个所谓的指令脉冲解码单元（CPDU）来接收 HPC。该单元作为指令路由转发到各个单元。一个 HPC 由 2 个字节组成。前 8 位包含有关通道选择的信息，后 8 位包含有关脉冲长度定义的信息。因此，利用 HPC 可以通过 256 个指令（脉冲长度定义）控制 256 个单元（通道选择）。对于 FLP 卫星，CPDU 集成在 PCDU 中，作为 HPC 控制的唯一单元。因此，可以实现 65536 条不同的指令，通过切换限流保护控制器和组件开关来重新配置卫星系统。PCDU 具有一个主份和备份 RS422 通信接口，用于接收

来自 OBC CCSDS 板的 HPC（见图 8.4），波特率为 115200Baud。所有 HPC 数据
包都使用 2 字节帧头作为标识符来实现以下 HPC 框架。HPC 帧头的组成见
表 8.6。

表 8.6　HPC 帧的帧头组成

字节号	1	2
位组成	11111111	01010101

一个 HPC 帧最多可以包含 4 个 HPC。每个指令都以完全忽略的遥控指令源
数据包帧头（TSPH）开头。每个 HPC 由 6 个字节的 TSPH、2 个字节的指令加
上 2 个字节的校验和组成。HPC 可用于启动或停用涵盖特定安全方面的单个或
一组特定星载组件。由于它们的重要性，HPC 在 PCDU 接收后立即进行处理，
并有利于通用指令。最重要的 HPC 是

- 启动或关闭星载加热器。
- 在安全模式下停用所有非必要负载以节省能源。
- 重新配置指令链。

单个 HPC 的结构见表 8.7。

表 8.7　HPC 基本结构

HPC 结构				
字节编号	0~5	6	7	8	9
含义	TSPH	CMD ID-H	CMD ID-L	CRCH	CRCL
字节	说明				
头	0xFF55				
TSPH	遥控指令源数据帧头（0x00）				
CMD ID-H	激活：0x0F；停用：0xF0				
CMD ID-L	HPC 编号				
CRCH	16 位 CRC（字节 0~7），高字节				
CRCL	16 位 CRC（字节 0~7），低字节				

表 8.8 所示为一个 HPC 指令序列的示例，它最多可以包含 4 个单独的 HPC。
表 8.9 为 FLP 卫星实现的所有 HPC。

表 8.8　HPC 帧组成

HPC 序列结构（最多 4 条指令）				
字节号	0、1	2~11	12~21	22~31	32~41
含义	头	HPC1	HPC2	HPC3	HPC4

表 8.9　HPC 指令

HPC 号	动作
1~77	激活开关 0~76（打开单个组件）
78~144	停用开关 0~76（关闭单个组件）
145	激活所有加热器开关
146	激活主份核心组件开关（OBC N, I/O 板 N）
147	激活备份核心组件开关（OBC R、I/O 板 R）
148	激活第一个核心组件交叉耦合开关（OBC N, I/O 板 R）
149	激活第二个核心组件交叉耦合开关（OBC R, I/O 板 N）
150	停用主份核心组件开关（OBC N、I/O 板 N）
151	停用备份核心组件开关（OBC R、I/O 板 R）
152	停用第一个核心组件交叉耦合开关（OBC N、I/O 板 R）
153	停用第二个核心组件交叉耦合开关（OBC R, I/O 板 N）
154	停用所有负载开关
155	停用除"安全模式"组件和"生存加热器"以外的所有开关
156	停用所有加热器开关

8.7　PCDU 其他功能

PCDU 还具有许多功能，其中一部分是 PCDU 的标准功能，另一部分是在 FLP 卫星中 CDPI 体系结构 PCDU 特有的功能。此处仅对这些功能进行了简要说明。更多信息见参考文献 [83，85]。

8.7.1　星箭分离检测

CDPI 架构中的 PCDU 接管了传统 OBC 远程接口单元（RIU）的一些功能，它具有一个解锁开关，通过打开相应的电路来检测卫星与运载火箭的分离。完成以上操作，太阳帆板输出功率达到足够条件时将启动 PCDU。

8.7.2　太阳帆板展开的控制和监控

PCDU 通过可执行定时器（定时器 0 和定时器 1）和展开状态标志对太阳帆板展开过程进行控制和监测。如果展开状态标志使能（默认置位为 1），则执行展开。

在定时器 0 启动后（即星箭分离后启动计数），PCDU 闭合展开机构中热熔断器的配电通路控制开关，并确定其执行到位。一旦展开机构发出太阳帆板成功展开的信号，PCDU 就会关闭热熔断器并复位展开状态标志。如果展开机构没有发出成功展开太阳帆板的信号并且超过了设定时间，PCDU 将关闭热熔断器而不禁用展开过程。总共将进行 5 次（中间有等待间隔）切换展开机构中的热熔断器来释放太阳帆板的过程。如果超过 5 次均不能成功展开太阳帆板，程控指令序列将被禁用以节省电力，地面的 FDIR 将接管控制权限。

8.7.3 有效载荷数据传输分系统功率控制

用于有效载荷数据传输的数据下行链路系统的供电开关开启一定时间后关闭。实施此功能是为了限制数据下行链路的访问在指定的时间内。因此，根据国际电信联盟（ITU）的规定，避免在地球的特定区域传输数据。

8.7.4 历史日志功能

PCDU 软件包括用于指令、事件和工作组件配置的历史日志功能。引入历史日志功能是为了建立一种在出现操作问题时检查单元内部操作的方法。上面记录的每个给定值都由专用 ID 和时间戳标识。

8.7.5 内部控制器之间的时间同步

PCDU 在当前运行的 PCDU 控制器和备份控制器之间具有时间同步机制。通过两个控制器之间的 UART 接口，每 5min 进行一次同步。

8.7.6 过电压保护

除了电池的欠电压保护功能外，PCDU 还具有自身的过电压保护功能。一旦检测到总线电压高于 28.5V，PCDU 就会通过其主开关自动关闭。这种情况也适用于地面测试时，PCDU 通过地面辅助电源进行输入供电的情况。

8.7.7 太阳电池在轨测试子串测量

PCDU 具有基于 DAC 的测量电路，用于记录卫星中央体装帆板太阳电池在轨测试子串的特性。测试指令启动后，PCDU 设置流过分流电阻的电流，并记录电流值和相关电压值。

8.8 PCDU 环境试验验证

PCDU 需满足运载火箭和空间在轨环境应用条件，因此，有必要根据 ECSS-E-10-03A 标准[47]对设备需满足的环境试验条件进行设计约束。出于成本的考虑，测试台设置、过程测试等各环节没有完全符合 ECSS 标准。

8.8.1 热真空试验条件

PCDU 在不同的热真空条件下进行测试。测试的温度曲线如图 8.6 所示。通常，非工作温度下限设定为低于工作温度下限。工作温度下限设计为−40℃，以提高设备运行的可靠性，从而保证整个卫星系统运行的可靠性。

PCDU 的工作温度范围：−40~+70℃。

非工作温度范围：−40~+80℃。

热循环次数：5。

热真空测试最大气压低于 $1×10^{-5}$ Pa，充分验证设备和 PCB 内部加热器的环境适应能力。

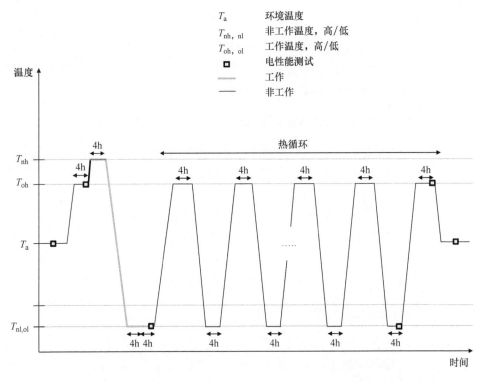

图 8.6 PCDU 温度测试曲线（© Vectronic Aerospace，斯图加特大学 IRS）

8.8.2 空间辐射承受能力

PCDU 至少可抵抗高达 20krad 总剂量的辐射，且性能不会显著退化。

8.8.3　力学试验条件

PCDU 应能承受表 8.10 和表 8.11 中所示的力学试验条件，并且试验后性能没有任何退化。

表 8.10　PCDU 正弦振动试验条件

轴	频率/Hz	水平
纵轴	4~10.8 10.8~100	15mm（0 至峰值） 11g
横轴	2~8.5 8.5~100	15mm（0 至峰值） 7g
扫描速率	2Oct/min	
扫描次数	单次递增扫描	

表 8.11　PCDU 随机振动试验条件

轴	频率/Hz	水平/（g^2/Hz）
所有三轴	20 110 250 1000 2000	0.017 0.017 0.3 0.3 0.077
总体水平	19.86gRMS	
持续时间	3min/轴	

8.9　连接器列表

表 8.12 概述了 PCDU 单元的所有连接器，包括连接器使用的关键字描述。详细的引脚分配由单个任务的星载设备（在本例中为 FLP 卫星）给出，因此此处未提供。

OBC 和 PCDU 之间用于标准指令和 HPC 的 CDPI 单元间布线的连接器引脚分配详见表 11.49 和表 11.50。

表 8.12　连接器列表

名称	类型	描述
J1	SUB-D 25，公头	太阳帆板 0，蓄电池组 0
J2	SUB-D 25，公头	太阳帆板 1，蓄电池组 1

（续）

名称	类型	描述
J3	SUB-D 25，公头	太阳帆板 2，蓄电池组 2，电气地面支持设备电源输入，在轨测试太阳电池子串
J4	SUB-HD 62，母头	航天器设备电源 I （包括 CCSDS 板 0 和 1 的电源线）
J5	SUB-HD 62，母头	航天器设备电源Ⅱ（包括主备份 OBC 处理器板和主备份 I/O 板的电源线）
J6	SUB-HD 62，母头	航天器设备电源Ⅲ
J7	SUB-D 25，母头	航天器设备电源Ⅳ
J8	SUB-HD 62，公头	温度传感器输入 I
J9	SUB-HD 62，公头	温度传感器输入Ⅱ
J10	SUB-D 25，母头	展开状态传感器输入；太阳敏感器输入 I
J11	SUB-D 9，公头	通信接口，用于通用指令和高优先级指令 I
J12	SUB-D 9，公头	通信接口，用于通用指令和高优先级指令Ⅱ
J13	SUB-D 25，母头	太阳敏感器输入Ⅱ

8.10 PCDU 指令概述

PCDU 提供了大量指令来控制所有描述的功能，并为 OBSW 的处理活动请求相应的遥测。对于指令和遥测消息的详细信息、完整列表及其详细语法和参数，请读者参考 Vectronic Aerospace 公司的 PCDU 接口数据单[85]。下面简要概述 PCDU 的主要性能。

- 电源控制指令：
-状态请求指令（例如组件、太阳帆板、蓄电池组的电流和电压）。
-所有组件限流保护控制器、开关和继电器的控制指令。
-PCDU 软件过电流监控的调整指令。
-蓄电池组充电调节的调整指令。
- 卫星操作指令：
-太阳帆板展开的调整和状态请求指令。
-热敏电阻温度的状态请求指令。
-太阳敏感器的状态请求指令。
-在轨测试太阳电池子串测量的控制和状态请求指令。
-启动过程的调整指令及其先决条件。
- 重新配置活动和 FDIR 指令：

-重新配置过程中 OBC 的调整和状态请求指令。

-PCDU 内部组合控制器的控制和状态请求指令。

-请求历史日志的指令。

- 其他指令:

-PCDU 复位。

-软件版本信息的状态请求指令。

第 9 章　CDPI 系统测试

Michael Fritz，Nico Bucher，Rouven Witt

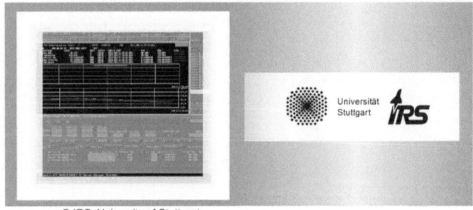

© IRS, University of Stuttgart

9.1　引言

CDPI 系统的模块化和新颖性需要经过广泛的系统测试，测试项目包括以下方面：

- 硬件/软件兼容性。
- 星载计算机（OBC）组件之间的内部通信。
- OBC 与外部设备和平台之间的通信。

最后，必须对完整的通信链路进行测试，包括：

- 从地面控制系统对 OBC 单元进行遥控。
- 控制与 OBC 互连的卫星设备单元。
- 通过整个通信链路获得遥测数据。

故障检测、隔离和恢复（FDIR）测试用例排在首位。本章简要概述了 CDPI 的整个测试程序，并介绍了 OBC 组件、OBC 子系统、PCDU 子系统，直至整个 CDPI 系统的测试。硬件/软件集成测试详见参考文献 [87]。

早期测试是使用原理样机（BBM）和电性件进行的。OBC 处理器板电性件如图 1.8 所示。BBM 和电性件尚不具备完整的飞行件功能。因此，后续通常还需要对飞行件进行测试，并且之前为 BBM 和电性件执行的测试需要在 CDPI 飞行件产品上重新进行测试。不过，这种 BBM/电性件方法还是降低了在飞行件硬件上进行测试调试的工作量（该程序稍后会提供），这意味着减少了整体测试程序持续时间。图 1.17 所示为 CPDI 的两个重要组成部分：OBC 飞行件和 PCDU 飞行件。

9.2　测试范围

测试需包括以下一系列项目：

- 所有 OBC 模块的配置测试。这包括从/到存储器的读写操作、IP 内核更新以及 OBSW 成功上传和运行。
- OBC 模块之间的通信测试。组件（板卡以及 I/O 板存储器等功能子组）必须按照指定进行交互测试。飞行件将逐步替换电性件。每次更换后，都需要重新运行测试。交互测试的模块包括：

-CCSDS 板和 OBC 处理器板。

-OBC 处理器板和 I/O 板：OBC 处理器板通过 I/O 板驱动程序和 I/O 板上的星务管理数据管理设备接口读/写访问。

-OBC 处理器板、I/O 板和 PCDU 包括：OBC 控制的 PCDU 和 PCDU 重新配

置的 OBC。

-CCSDS 板和 PCDU。

• 系统通信链路测试对于通过 CCSDS 协议（见参考文献［23-28］）从任务控制系统 ESA SCOS-2000[88] 控制 CDPI 是必要的，正如预期的 FLP 卫星通过前端设备到 CCSDS 板所预见的那样（见图 9.1）。

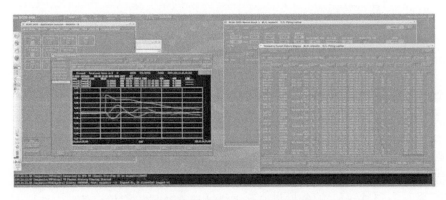

图 9.1   ESA 任务控制系统 SCOS-2000（©斯图加特大学 IRS）

• 需要对 OBC 与 PCDU、星敏感器和反作用飞轮等航天器设备之间的板载通信进行系统测试，该测试用于证明 OBC 和设备端以及 OBSW 按照技术要求进行了设计。

• 使用航天器仿真设备进行通信测试和 OBSW 验证，因而可以在没有传感器信号输入的情况下建立闭环场景来测试操作场景。

9.2.1   测试条件

功能测试的测试条件包括

• 洁净度。

• 温度。

• 湿度。

对于电性件，测试是在空调实验室的环境条件下进行的。对于飞行件，所有相关电路板的测试或相关集成单元的测试必须在斯图加特大学空间系统研究所具备 100.000/ISO 8 温度和湿度控制等级的洁净室中进行。

9.2.2   相关人员

这方面对于这个特定的大学项目至关重要，因为它必须应对开发期间的重大人员变动，特别是在 CDPI 的组装、集成和测试（AIT）领域。对于所有项目，有必要确定：

- 工程人员——设计符合规范水平的预见测试。
- AIT 人员——调试测试流程、执行测试并记录结果。

　　职责范围明确不仅适用于传统卫星项目研制，也适用于大学项目。然而，根据人力有限和精益系统工程的要求，在大学层面有必要进行一些简化。在大学里，几乎整个团队都由大学生和博士生组成，这意味着该项目的人员流动性很大。大学生支持该项目不到 1 年，博士生支持 3~4 年。最好由同一组人员执行有限的、明确定义的测试活动子集，并与继任团队一起执行下一个功能子集，以尽可能高效。这种方案中的团队波动意味着有必要组织适当的技术转让和系统测试状态从一个子团队到下一个子团队的转交，并有足够的移交时间。此外，需要对相关人员进行适当的跟踪测试和经验培训。这些任务最好分配给博士生，因为他们在团队中的研究工作时间更长。

　　由于 OBC 处理器板是受 ITAR 约束的项目，有些测试任务只能由授权人员执行。

9.2.3　测试流程简化

　　如前所述，大学受人力、经验和预算等条件所限，测试流程需进行简化。这种简化影响了整个功能验证流程，尤其是硬件和软件集成测试，这也是由于卫星 OBSW 程序开发人员最少。因此，必须在简化可行的情况下对其进行详细说明。这是风险和进度/成本效率之间的平衡。该计划中最重要的简化是大大减少了在斯图加特大学空间系统研究所进行的设备测试，因为除了斯图加特大学空间系统研究所制造的 OBC 电源板和 PCDU 功能外，商用现货设备已经在供应商内部进行了系列测试。这个简化的设备测试流程也意味着跳过一些系统级的测试。考虑到以上因素，建立新的测试流程是必要的。

9.3　测试计划

　　作为 CDPI 系统鉴定测试基线，本节将简要概述测试计划内容，采用功能验证矩阵，跟踪测试执行状态并跟踪测试成功状态。这些功能验证矩阵解决了以下问题：

- 必须执行哪些测试？——测试范围
- 采用什么测试平台？——测试设置和环境
- 测试中采用哪种硬件模型？——原理样机、电性件或飞行件——被测项目

　　使用准确的软件版本以及遥测/遥控数据库对于重复测试至关重要，因为它们必须在多个测试台或多个硬件模型（电性件和飞行件）上运行。此

外，测试计划必须考虑测试概念。它组织了测试的顺序，描述了简化并用作内部和外部目的的文档。此外，经验教训是本文件的一部分，以积累经验和知识。

测试计划的下一步是为测试计划中确定的每个测试制定测试程序，然后依次执行测试并填写测试报告，从而形成测试文件。为了简化大学研究项目中的整体流程，建立了综合测试流程和测试报告数据包：

- 首先建立测试流程，包括关于测试设置、所需的设备/仪器、测试条件、人员等，最后是逐步执行的流程，其中包含预期和实际测试结果的输入字段。后一列首先保持为空。
- 然后由项目高级工程师对测试流程进行审查并正式签字。
- 最后执行测试——将潜在的流程变化直接添加到文档中，并将原始测试结果与测试结果是否正确的信息一起输入相应的列，以跟踪该项目是否成功。对于飞行件，每次测试时至少由 2 人执行，以保证"4 眼原则"的实施。

通用组件功能测试——除了 OBC 重新配置——设备性能测试和所有电性件测试均在专用卫星测试平台上实施，该测试平台包括一个地面站前端，一侧用于仿真与 OBC 的遥测/遥控通信，另一侧仿真 FLP 卫星。该测试平台（见图 1.16）包括 OBC 和 PCDU 的原理样机/电性件单元，OBC 单元只保留单份而不提供备份。测试平台详见 9.5 节。

PCDU 的 OBC 备份和某些重新配置功能的测试仅在项目的飞行件系统测试平台中进行（见图 1.17、图 9.12），因为在 PCDU 电性件中未设计一些必备功能。

后面的功能验证矩阵列表给出了所有测试的简要概述，并显示了在哪些场所进行了哪种测试。

测试类型：

Q=设备供应商的出厂鉴定测试。

BB=在斯图加特大学空间系统研究所进行原理样机测试。

EM=在斯图加特大学空间系统研究所进行的电性件鉴定测试。

FM=在斯图加特大学空间系统研究所进行的飞行件鉴定测试。

测试设置：

- 在供应商试验室进行测试：基于供应商特定的测试平台。
- 根据 9.5 节配置的卫星测试平台（STB），在系统架构 1 和 2 中。
- 9.5 节所述的飞行件系统测试平台。
- 热真空（TV）实验室测试平台。
- 力学实验室测试平台。

9.3.1　PCDU 测试

PCDU 在供应商实验室进行了详细的鉴定测试。为了证明与 CDPI 系统的兼容性，斯图加特大学空间系统研究所对 OBC 进行了一系列通信测试（见表9.1）。由于 PCDU 是 CDPI 系统整体概念中的重要单元，因此它还大量参与了整个系统的重新配置测试，见表9.7。

表 9.1　PCDU 测试矩阵

PCDU	供应商	卫星测试平台配置 1	卫星测试平台配置 2	卫星测试系统	力学试验室	热真空试验室
电气鉴定试验	Q	—	—	—	—	—
振动筛试验	Q	—	—	—	—	—
热真空试验	Q	—	—	—	—	—
初步软件测试	Q	—	—	—	—	—
初始通电	Q	—	EM	FM	—	—
与 OBC 的通信测试： 命令/控制接口和 HPC 接口	—	—	EM	FM	—	—

9.3.2　处理器板测试

在飞行件系统测试平台对飞行件处理器板进行了测试，而电性件则用于在连接的卫星仿真环境中运行测试软件。飞行件板仅在洁净室条件下进行系统测试（见表9.2）。预计稍后将使用带有处理器板电性件的卫星试验台，在任务的电性件研制阶段进行地面系统仿真，并在将 OBSW 修正程序与飞行件连接之前进行 OBSW 插件的预测试。

表 9.2　处理器板测试矩阵

处理器板	供应商	卫星测试平台配置 1	卫星测试平台配置 2	卫星测试系统	力学实验室	热真空实验室
初始通电	—	EM	EM	FM	—	—
电气参数表征：功耗、上电时的浪涌电流等	—	EM	EM	FM	—	—

（续）

处理器板	供应商	卫星测试平台配置 1	卫星测试平台配置 2	卫星测试系统	力学实验室	热真空实验室
FRAM 的测试引导过程	—	EM	EM	FM	—	—
SRAM 的测试重启过程	—	—	EM	FM	—	—
测试 PPS 输出	—	—	EM	FM	—	—
测试 PPS 输入	—	—	EM	FM	—	—
测试 FPU 功能	—	EM	EM	FM	—	—
测试调试 I/O 功能	—	EM	EM	FM	—	—
SpaceWire 端口 1~4测试	—	EM	EM	FM	—	—
热学试验	Q	—	—	—	—	—
力学试验：随整星开展卫星振动和冲击试验	—	—	—	—	FM	—

9.3.3 电源板测试

电源板测试的重点是验证每个电源板满足应用需求，特别是 OBC 数据处理板的启动过程中的供电启动时序，该部分内容详见 5.2 节。同时，进一步验证 GPS PPS 信号和 STR PPS 的信号转换及其到外部 OBC 连接器的路由，该部分内容详见第 5 章。为避免损坏飞行件产品，仅使用电性件进行了力学试验测试（见表 9.3）。

表 9.3　电源板测试矩阵

电源板	供应商	卫星测试平台配置 1	卫星测试平台配置 2	卫星测试系统	力学实验室	热真空实验室
处理器板的测试电源电压	—	—	EM	FM	—	—
I/O 板的测试电源电压	—	—	EM	FM	—	—
CCSDS 板的测试电源电压	—	—	EM	FM	—	—

（续）

电源板	供应商	卫星测试平台配置 1	卫星测试平台配置 2	卫星测试系统	力学实验室	热真空实验室
测试优先电路功能	—	—	EM	FM	—	—
OBC 加热器的测试电源	—	—	EM	FM	—	—
测试 PPS 信号的转换	—	—	EM	FM	—	—
调试输出的测试信号转发	—	—	EM	FM	—	—
力学试验	—	—	—	—	EM	
热学试验：随整星开展测试	—	—	—	—	—	FM

9.3.4　CCSDS 板和 I/O 板测试

I/O 板和 CCSDS 板的 PCB 采用相同的尺寸进行设计，两种板类型的硬件均由 4Links 制造。因此，除了环境测试外，两种板卡的功能测试均在供应商试验室进行。环境试验鉴定则由斯图加特大学空间系统研究所在航天器力学和热学试验室内进行（见表 9.4、表 9.5）。

表 9.4　CCSDS 板测试矩阵

CCSDS 板	供应商	卫星测试平台配置 1	卫星测试平台配置 2	卫星测试系统	力学试验室	热真空试验室
测试 IP 内核上传	Q	—	EM	—	—	—
测试 SpaceWire 接口	Q	BB	EM	FM	—	—
测试 RMAP 访问存储器	Q	BB	EM	FM	—	—
测试 HPC 转发	—	BB	EM	FM	—	—
测试遥控解码	—	BB	EM	FM	—	—
测试遥测编码	—	BB	EM	FM	—	—

（续）

CCSDS 板	供应商	卫星测试平台配置 1	卫星测试平台配置 2	卫星测试系统	力学试验室	热真空试验室
力学试验：随整星进行测试	—	—	—	—	FM	—
热学试验：随整星进行测试	—	—	—	—	—	FM

表 9.5　I/O 板测试矩阵

I/O 板	供应商	卫星测试平台配置 1	卫星测试平台配置 2	卫星测试系统	力学实验室	热真空试验室
测试 IP 内核上传	Q	BB	EM	—	—	—
测试 SpaceWire 接口	Q	BB	EM	FM	—	—
测试 RMAP 和 RMAP 错误代码	Q	BB	EM	FM	—	—
检查 RMAP 访问 NVRAM	Q	—	EM	FM	—	—
检查 RMAP 访问 SRAM	Q	—	EM	FM	—	—
检查 RMAP 访问传输缓冲区	Q	BB	EM	FM	—	—
测试 RS422 接口	Q	BB	EM	FM	—	—
测试 LVD 接口	Q	—	EM	FM	—	—
测试 I^2C 接口	Q	—	EM	FM	—	—
测试 FOG 接口	Q	—	EM	FM	—	—
测试逻辑接口	Q	—	EM	FM	—	—
力学试验：随整星进行测试	—	—	—	—	—	FM
热学试验：随整星进行测试	—	—	—	—	—	FM

在组装卫星测试系统时，采用原理样机对其进行初步测试。CCSDS 板的原理样机由 Aeroflex Gaisler 提供。4Links 以 PCB 部分电装元器件的形式提供 I/O 板原理样机。在项目后期，4Links 提供了一个完整的 I/O 板电帙件产品。

9.3.5　OBC 子系统测试

OBC 子系统由各种交付的电路板以及斯图加特大学空间系统研究所洁净室中的 OBC 内部线束组装而成。因此，它还必须经过斯图加特大学空间系统研究所团队的电性能和功能认证。此鉴定是在飞行件测试时进行的。单板和组件的热鉴定试验可以在内部进行，而振动和冲击测试仅在整星组装以后随整星进行测试，以减少对 CDPI 组件的应力损伤（见表 9.6）。

表 9.6　OBC 子系统测试矩阵

OBC 子系统	供应商	卫星测试平台配置 1	卫星测试平台配置 2	卫星测试系统	力学实验室	热真空实验室
电性能测试	—	—	EM	FM	—	—
测试 SpaceWire/RMAP 访问 I/O 板	—	—	EM	FM	—	—
测试 SpaceWire/RMAP 访问 CCSDS 板	—	—	EM	FM	—	—
测试对调试接口的访问	—	—	EM	FM	—	—
测试 OBC 服务界面	—	—	EM	FM	—	—
测试 PPS 同步	—	—	—	FM	—	—
测试与 OBC 电气整合的航天器单元	—	—	—	FM	—	—

9.3.6　CDPI 重新配置测试

CDPI 重新配置测试项目旨在证明 CDPI 系统的冗余管理能力。重新配置功能由 CDPI 通用控制器（即 PCDU 的综合处理器）控制。测试项目包括通过外部命令的 HPC 以及 PCDU 的自动例程在主份板卡和备份板卡之间进行切换。最后人为制造处理器板严重中断场景，系统需要自动恢复到运行配置并在指定参数内才能通过测试（见表 9.7）。

表 9.7   CDPI 重新配置测试矩阵

CDPI 重新配置	供应商	卫星测试平台配置 1	卫星测试平台配置 2	卫星测试系统	力学试验室	热真空试验室
测试开关主备份 I/O 板	—	—	—	FM	—	—
测试开关主备份处理器板	—	—	—	FM	—	—
测试 HPC 转发和执行	—	—	—	FM	—	—
测试 PCDU 自动重新配置	—	—	—	FM	—	—
完整的 CDPI 恢复测试	—	—	—	FM	—	—

对于整个测试活动，必须区分电性件测试和飞行件测试。两组测试都采用不同的硬件，并且测试目标完全不同。

电性件测试的目的是在功能上验证系统本身，包括接口测试以及所有电性件的首次组装测试，随后逐渐增加复杂性，直到一个单份 OBC 电性件所有接口均已完成测试并按要求工作。OBC 电性件由外部电源供电，而不是通过电源板供电，忽略了有关电源和冗余的所有测试，因而测试结果不能代表完整系统测试结果。由于上述限制因素，该项测试只能在卫星测试平台上进行功能测试。测试通过后，电性件用于与实时仿真器进行仿真测试，即姿态控制模式测试，并在任务期间用于验证软件更新。

飞行件测试的重点是可靠性和 CDPI 冗余管理。与电性件测试相比，飞行件的测试项目采用不同的流程。主要目标是使飞行件系统符合太空环境要求。这意味着包括电源板在内的整个系统必须在洁净室条件下进行组装和测试。在此设置中，主份和备份处理器板与 I/O 板之间的 OBC 重新配置等测试是与 PCDU 交互进行的。尽管如此，OBC 飞行件也必须接受与电性件类似的接口测试，但对于飞行件，需增加可靠性和冗余测试。

9.4   电性件测试平台

9.2 节所述的卫星测试平台及其功能连接框图如图 9.2 和图 9.3 所示。图 9.3 中的第一行表示地面指挥/控制系统，代表后续将在卫星地面站中使用的设备。第二行为 OBC 所有组成。第三行为用于 OBSW 验证的仿真环境。

地面指挥/控制系统的一部分是 ESA 任务控制系统 SCOS-2000，在第一行中间位置。它支持遥控/遥测数据处理、可视化和数据包处理，并作为标准工具用于 ESA 和 DLR 卫星项目地面指挥/控制。为了将遥测/遥控数据包转换为适合无损传输的格式，采用遥测和遥控平台，它执行遥控数据包到命令链路传输单元（CLTU）的转换，以及通道采集数据单元（CADU））返回遥测数据包至地面指挥/控制系统。

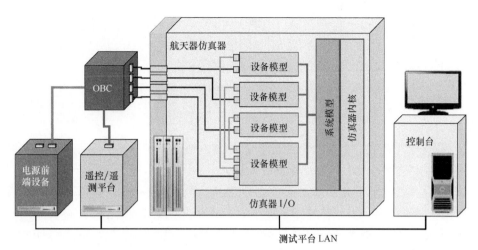

图 9.2　卫星测试平台及其与完整 OBC 的连接框图（© Jens Eickhoff，参考文献［9］）

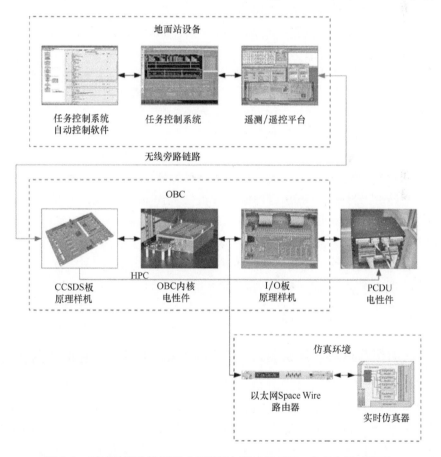

图 9.3　测试系统功能框图（©斯图加特大学 IRS，参考文献［87］）

来自 RHEA Group 的程序执行引擎 MOIS 集成用于执行命令序列，即所谓的飞行程序。OBC 绕过无线电传输链路的电缆连接到此环境。虚拟传输错误可以人工注入遥控/遥测前端，以测试星载前向纠错功能。

图 1.16 介绍了真实的设置。左侧的屏幕属于命令/控制设备。OBC 和仿真器位于右侧的机架中。星载设备可以安放于卫星测试平台最右侧的接地台上。测试平台需要满足几个要求：

 • 正确接地对于防止接地回路和意外静电放电至关重要，需要为所有已安装的设备安装接地线，并通过测量进行验证。

 • 用于测试平台的电源必须抑制停电和过电压等供电波动的影响，因此集成了一个不间断电源，作为主要电网和测试电压之间的能量缓冲。

 • 由于 OBC 处理器板遵循 ITAR 规范，因此必须限制授权人员访问 OBC 组件。由于必须对测试台的所有非 ITAR 组件进行完整的设置配置，需要快速访问以安装和拆卸 OBC 电性件组件和设备。

所有要求共同构成了基于机架的设计解决方案。基于不间断电源和远程电源开关的电源满足所有测试要求，机架本身为正确接地提供了中性点，并可以锁定。由于机架前端仅包含一个电源插头和一个以太网连接器，因此移动非常简单。为了将温度保持在可接受的水平，机架顶部安装了温控通风装置。

9.5　电性件测试执行和结果

图 1.16 所示为进行电性件测试的一整套卫星测试平台（另见参考文献 [9]）。在初始配置中，测试了 CDPI 组件原理样机（见图 9.4）。经过升级后，对电性件硬件进行了测试（仅测试了单份）。在 FLP 卫星测试系统上进行了完整的 CDPI 冗余和重新配置测试，稍后请参阅 9.6 节。

OBC 的 I/O 板和 CCSDS 板都是采用 FPGA 实现的。在测试过程中，每块板的 IP 内核都进行了多次更新，以便升级新的、修正的功能。FPGA 可通过 JTAG 接口进行编程。如 3.8 节所述，JTAG 引脚位于每块电路板的 100 针 Micro-D 连接器 E 上。

9.5.1　卫星测试平台测试阶段 1：连接 OBC 处理器板和航天器仿真器

在阶段 1，建立了 OBC 处理器板电性件和实时仿真器（RTS）之间的连接，因此使用 4Links 制造的 SpaceWire 路由器。RTS 使用标准以太网与 4Links SpaceWire 路由器连接进行通信。SpaceWire 路由器在另一侧连接到 I/O 板通常使用的 OBC 处理器板的同一 SpaceWire 端口，因而 RTS 或真正的 I/O 板不能同时使用。RTS 拥有一个仿真前端，可替代实际 I/O 板（见图 9.5）。

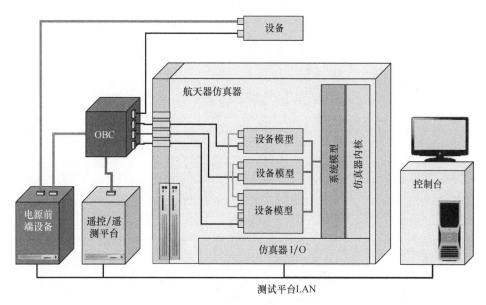

图 9.4 OBC 电性件/飞行件测试平台（© Jens Eickhoff，参考文献 [9]）

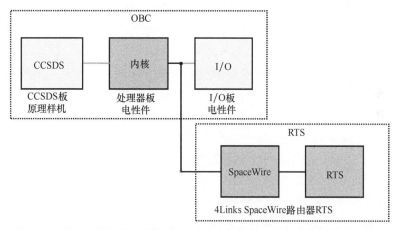

图 9.5 处理器板与航天器仿真器功能连接框图（©斯图加特大学 IRS）

9.5.2 卫星测试平台测试阶段 2：连接 OBC 处理器板和 CCSDS 板

将 RTS 连接到 OBC 处理器板后，可以针对 OBSW 的设备处理部分进行仿真测试。为了合理控制和监控 OBSW 遥控和遥测处理，接下来开始运行 CCSDS 板（见图 9.6）。

此时，OBSW 必须配置 CCSDS 板参数，包括链路编码和解码设置、航天器标识符、符号率和时钟分频器。同时，OBSW 还配置了遥控接收缓冲区。

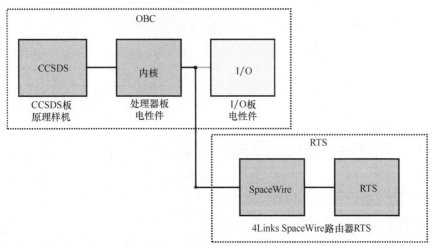

图 9.6 处理器板与 CCSDS 板功能连接框图 (©斯图加特大学 IRS)

9.5.3 卫星测试平台测试阶段 3：整个指令链桥接射频链路

卫星系统测试是采用指挥/控制平台对卫星进行所有项目测试，该指挥/控制平台在飞行任务期间也使用。唯一不能在实验室环境中使用的硬件部件是射频（RF）设备。为了在测试设置中桥接射频链路，使用了旁路线路，其上行输入是时钟驱动的同步信号，并将其作为基带上行和下行转换器的输入。该信号对应于星载接收器至 OBC CCSDS 板的线路信号。同样，旁路线路的下行信号是 CCSDS 板的编码输出，通常会路由到航天器的发射机。通过 RS422 接口物理实现桥接，直接连接到地面测试平台的遥测解码前端。

该指令链测试主要包括：

- 测试 HPC 接收和路由 (RS422)。
- 使用 OBSW 测试指令接收。
- 测试由 OBSW 生成的遥测数据。
- 在地面测试遥测空闲帧的生成和接收。

图 9.7 所示为所有涉及的组件和 CCSDS 层转换[24]。地面控制系统 SCOS-2000 在分组层上运行。这些数据包通过 TCP/IP 使用 LAN 转发，然后返回到遥控/遥测前端设备。遥控/遥测前端设备可以单独操作，也可以与射频上变频器和下变频器一起作为 RF-SCOE 进行射频测试。对于这一阶段的电性件测试，仅使用了遥控/遥测前端设备。它处理分组层和编码层之间的转换。相应地，这些转换部分由 CCSDS 板和 OBSW 完成。

由于旁路线路是同步连接，因此该链路必须正确解码时钟信号。如果提交侧的时钟信号在上升沿有效，则它也必须由上升沿的接收器读出。否则，解码

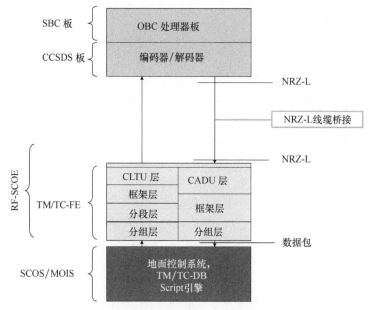

图 9.7　遥测/遥控数据链概览 （©斯图加特大学 IRS）

出错导致数据损坏。

　　两种接口与电缆桥是兼容的。已发送到 CCSDS 板的遥控指令帧完整地存储在遥控指令缓冲区后，OBSW 将负责管理此缓冲区并将数据包转发到其指定的 PUS 终端。

　　为了测试遥测数据链路方向，OBSW 创建了通用遥测数据帧并转发到 CCSDS 板存储器。遥测数据流转换是 CCSDS 板功能的一部分。然后这些数据包由遥测/遥控前端设备提取并转发到任务控制系统，在那里它们可以准备显示 （见图 9.8）。

　　OBSW 负责配置 CCSDS 板，它可以配置生成遥测数据帧以及正确解码遥控指令帧所需的遥测数据传输速率和其他任务特定参数。详细内容见第 4 章。

9.5.4　卫星测试平台测试阶段 4：验证 HPC

　　HPC 是实现航天器系统安全设计的重要手段。借助 HPC1 命令，可以从地面控制某些紧急关闭和重新配置功能，而无需在航天器上运行 OBSW。因此，对直接将 HPC1 数据包转发到 PCDU 中的 CDPI 通用控制器的 CCSDS 板功能进行了测试。在该方案中，指令控制是通过虚拟通道 （见图 1.11） 来识别 HPC，而不是通过 MAP-ID 实现的 （见参考文献 [10]）。

　　收到的 HPC 直接从 CCSDS 板提交给 PCDU，因而测试时需要采用 PCDU 的电性件参与测试。PCDU 的电性件安装在卫星测试平台旁边的硬件测试框架中 （见图 1.16）。它直接连接到 CCSDS 板的 HPC UART 端口 （见图 9.9）。

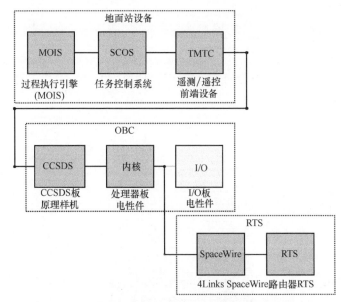

图 9.8　整个指令链桥接射频链路（©斯图加特大学 IRS）

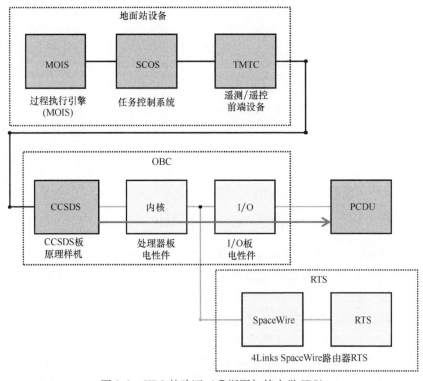

图 9.9　HPC 的验证（©斯图加特大学 IRS）

9.5.5　卫星测试平台测试阶段 5：控制设备单元硬件

为了控制实际的硬件设备，OBSW 的初始版本至少需要提供基本的设备处理能力，这样就可以将 I/O 板集成到卫星测试平台中，然后进行一系列测试。首先验证每个设备 SpaceWire 的正确地址映射。此外，这些测试用于检查 I/O 板输入和输出信号是否分别解码。然后在卫星测试平台中，通过将相应航天器设备硬件的电性件连接到相应的 I/O 板接口来测试每个设备接口。

将实际电性件设备连接到 I/O 板后，卫星测试平台就组装完成了。OBC 电性件可以从任务控制系统进行操作，而 OBC 要么连接到 RTS 来仿真应用场景，要么连接到真实的电性件硬件来进行接口测试。总之，测试项目包括：

- 使用 PCDU 测试 HPC。
- 使用 PCDU 测试常规命令。
- 每个 UART 接口的测试。
- 测试 I^2C 总线与 MGT 电性件电子设备的通信。
- 测试与 FOG 电性件的通信。

最终的卫星测试平台配置如图 9.10 所示，该配置为 9.3 节测试矩阵中的"卫星测试平台配置 2"，保持该配置直到任务结束。

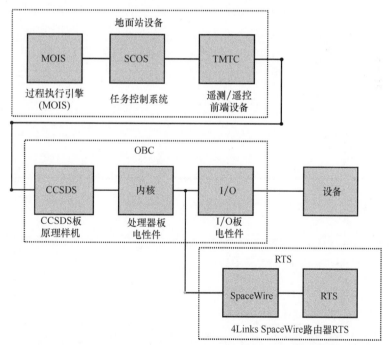

图 9.10　卫星测试平台系统测试功能连接框图（ⓒ斯图加特大学 IRS）

9.5.6　卫星测试平台测试阶段6：使用姿态控制软件进行性能测试

另一类测试涉及一些早期的性能测试，这些测试用于评估 OBSW 在实际运行时引起的 CPU 负载——比只进行小通道访问测试、启动或调试测试用例更复杂。测试在卫星测试平台上运行，OBC 电性件连接到航天器仿真器运行 FLP 卫星的姿态控制场景。姿态控制系统（ACS）软件实现了在 Simulink 中设计的初步控制功能，转换为 C++代码后集成到 OBSW 框架中。

在 OBSW 研制初期，所有测试都表明 ACS 具有较小控制误差。ACS 为系统在运行期间必须处理的数字负载任务提供了一个很好的实例。ACS 控制器软件代表 OBSW 框架中的一个应用模块，可访问所有 ACS 传感器和执行器的各种设备处理程序。除了 OBSW 中的遥控指令处理和遥测数据生成等纯数据处理功能外，ACS 还执行重要的浮点计算，从而扩充了 LEON3FT 使用的处理器功能范围，使得处理器浮点单元应用更为广泛。

在成功设置 ACS 测试场景后，通过性能分析估计可用处理时间的裕量。在测试过程中，测量了 ACS 任务的 CPU 处理时间。整个系统的设计准则是将 ACS 的 CPU 处理时间保持在 CPU 总负载的 33%以下。图 9.11 所示为多个测试场景的 CPU 负载结果，其中 ACS 子系统以不同的操作模式（x 轴）控制卫星。可以看出，由于 LEON3FT CPU 的高性能，即使是正常的目标指向模式也仅消耗 20%以上的 CPU 负载。在最坏的情况下，只有激活附加数字过滤器才能达到极限。设备处理的蓝色条表示访问 ACS 传感器和执行器设备的 CPU 负载。由于 I/O 访问时序在软件的所有操作模式的通用轮询序列表中是固定的，因而该负载不受 ACS 计算复杂性的影响。

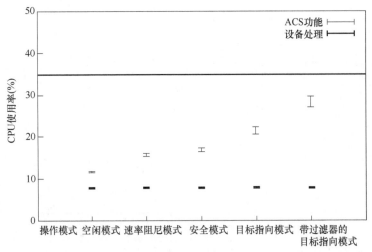

图 9.11　性能测试结果示例（©斯图加特大学 IRS）

9.6　飞行件测试执行和结果

　　所有飞行件组件都必须在洁净室条件下运行和贮存。为了测试这些组件，在斯图加特大学空间系统研究所洁净室中建立了一个卫星测试系统，包括卫星的所有飞行件组件。对于卫星测试系统，所有卫星组件在试验台上进行电气连接，并检查整个卫星系统的可操作性。在设备集成到卫星结构之前，这作为最终的接口测试环境。卫星测试系统涵盖 CDPI 系统单元、OBC、PCDU、替换太阳电池板的电源以及组装完整的航天器系统。

　　图 9.12 所示为 FLP 卫星的测试系统功能框图。为了更好地概述，该图仅说明了与 CDPI 测试相关的整个设备组件部分功能以及主要设备间的功能连接。指令和数据处理子系统和电源分系统采用不同的单元模块进行表示。组件框内其他子系统都以抽象视图表示。该图仅显示冗余组件中的单份，避免了指示线交叉，实现了额外的简化。

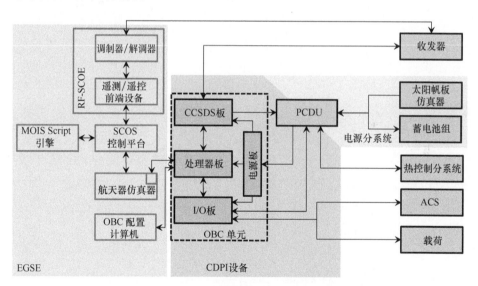

图 9.12　FLP 卫星测试系统功能概览（©斯图加特大学 IRS）

　　控制仿真器和卫星测试系统所需的电气地面支持设备包含以下控制应用程序：

- 飞行程序执行，再次由 RHEA Grop 提供的第二个 MOIS 实例实现。
- 通过 ESA/ESOC 提供的 SCOS-2000 再次实现任务控制。
- 通过 Satellite Services B. V. 的射频专用检测设备（RF-SCOE）模拟地面和卫星之间的传输。

- 通过 OBC 配置 PC 上传和修正 OBC 软件。

因此，除了提供射频链路测试功能外，卫星测试系统中的电气地面支持设备可以保持与卫星测试平台相同的指挥/控制配置，从而避免因使用不同测试系统进行电性件和飞行件测试而出现难以协调的问题。通过这种方式，测试平台之间的测试设置和程序保持最大相似性，测试运行和结果也将具有最大可比性。使用的 RF-SCOE 由两部分组成，电性件卫星测试平台中的遥测/遥控前端设备具备传输编码和解码功能。该系统包括调制/解调单元，用于准备命令或接收遥测数据包并进行传输。

采用整套测试系统对 OBC 和 CDPI 进行重新配置测试的流程可参照 9.3 节中的测试矩阵。

第 10 章　FLP 卫星设计

Hans-Peter Röser，FLP 卫星研制团队

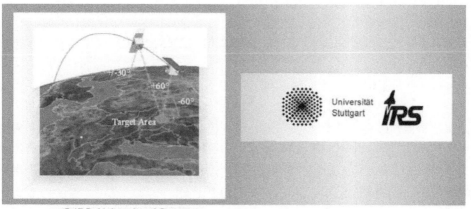

10.1　引言

在德国斯图加特大学空间系统研究所一系列小卫星研究计划中，FLP 卫星位居首位。该卫星主要由获得行业合作单位 Astrium（Astrium Satellites GmbH 及其子公司 TESAT Spacecom）、航天局、相关研究机构（如德国航空航天中心，DLR）以及其他相关高校资助开展研究的博士生和研究生研发设计的，获得了巴登-符腾堡州政府、大学和行业内的有关机构的经费资助。目前，该卫星处于阶段 D，现正开展试验平台功能测试和卫星飞行件结构模型、热模型鉴定试验验证，空间系统研究所已完成卫星飞行件各单元硬件研制或采购，分系统及星载计算机（OBC）软件测试有序进行。

对于行业合作单位而言，开展该项目的主要目标是对电子元器件开展空间环境应用验证，尤其关注本项目创新性集成 OBC 和 PCDU 功能的 CDPI 所选用的电子元器件在轨性能。对于斯图加特大学来说，则是通过该项目在空间系统研究所建立卫星开发、集成、测试和运行的专业知识和平台设施，并通过亲自参与具有挑战性的空间研究项目来培养学生。卫星一旦进入预定轨道，将进行新技术验证和对地观测。

FLP 卫星采用三轴稳定姿态控制方式，并具有特定目标指向功能。一次通过的总指向误差小于 150 弧秒，指向精度优于 7 弧秒。为了该指标，采用最先进的星敏感器、磁强计、光纤陀螺以及 GPS 接收器来测量姿态，反作用轮和磁力矩器用作执行器。同时，星敏感器也可以在相机模式下用于搜索地内小行星和近地小行星。FLP 卫星技术指标见表 10.1，可以看出，该卫星没有配备推进和轨道控制的措施。

表 10.1　FLP 卫星技术指标

尺寸	60cm×70cm×80cm
质量	130kg
发射方式	背负式（二次载荷）
目标轨道	极地圆轨道
轨道高度	500~800km
姿态控制	三轴稳定
通信	波段
太阳帆板	3块（2块可展开）

10.2　运行轨道和工作模式

FLP 卫星运行于太阳同步圆轨道，轨道降交点地方时设计在 9：30~11：00 之间。卫星设计寿命 2 年，根据《欧洲空间碎片缓减行为守则》，寿命结束后卫星在轨道上的停留时间不应超过 25 年，因此理想的轨道高度在 500~650km 之间。为实现上述目标，卫星采用了日本东北大学提供的实验用离轨机构。

10.3　结构设计和星箭接口

FLP 卫星是一个带有 2 个可展开太阳帆板的长方体结构。卫星飞行件各设备完成研制之前难以确定准确质量，当前总质量预估 130kg。图 10.1 所示为卫星太阳帆板展开后的结构外形。在发射过程中，太阳帆板处于收紧状态，卫星外包络尺寸为 600mm×702mm×866mm，其机械尺寸图如图 10.2 所示。卫星上安装了与运载火箭连接的适配器支架，可以适应极轨卫星运载火箭的背负式分离适配器应用需求。对于其他类型运载火箭，结构可以做出相应的调整。此外，可展开的离轨机构位于运载火箭适配器支架内部。

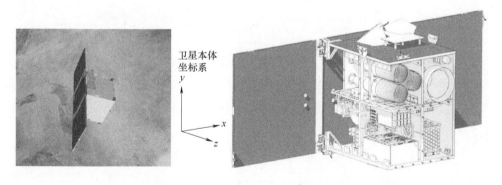

图 10.1　FLP 卫星在轨仿真和结构图（©斯图加特大学 IRS）

FLP 卫星采用混合式结构形式。底部由整体铝合金部件组成，上部（安装光学有效载荷的位置）采用碳纤维增强夹层结构，由于其热膨胀系数较低，可保证相机载荷具有更高的对准精度。卫星热控制系统（TCS）由卫星内部的几个温度传感器和加热器以及外部的多层隔热层和散热器组成，而未使用主动冷却系统。

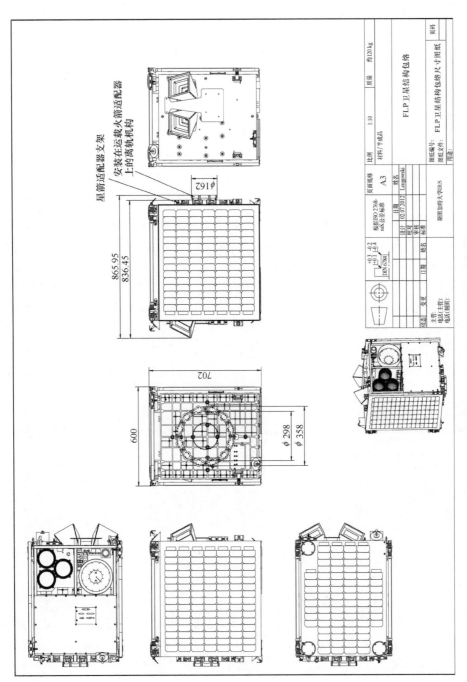

图 10.2　FLP 卫星发射状态包络尺寸（©斯图加特大学 IRS）

10.4　主要技术和有效载荷

如前所述，FLP 卫星主要目的是用于开展新技术验证。除有效载荷外，本项目新技术主要是数据与电源综合管理架构（CDPI），包括基于 LEON3FT 处理器的 OBC，基于 SpaceWire 驱动的 I/O 板用作处理器板之间的通信接口，以及通过 CCSDS 解码器/编码器板以及 PCDU 中 CDPI 通用控制器进行 OBC 重新配置实现基于完整 CCSDS/PUS 协议的遥测/遥控指令。该架构的国际合作伙伴联盟包括德国 Astrium GmbH Satellites、美国 Aeroflex Colorado Springs Inc.、瑞典 Aeroflex Gaisler AB、英国 4Links Ltd.、德国 HEMA Kabeltechnik GmbH & Co. KG 和德国 Vectronic Aerospace GmbH 等公司。

在空间仪器方面，FLP 卫星配备了光学红外链路系统（OSIRIS），用于对德国航空航天中心开发的光学终端高速下行链路能力进行演示验证。星载有效载荷计算机采用新型可重构 FPGA 架构用于实现有效载荷控制。此外，采用 3 个 GPS 传感器来精确确定卫星的位置和姿态以在轨进行 GENIUS 实验。

卫星主要有效载荷是多光谱成像相机系统（MICS），该系统由 3 个单独的相机组成，采用滤光片用于绿色、红色和近红外光谱图像采集，从而实现对地球的多角度和多光谱成像，地面采样距离约为 25m，刈幅宽度约为 25km。MICS 的一个独特应用是用于确定地球表面某些特征的双向反射分布函数（BRDF）。

MICS 还应用于船舶观测实验。卫星配备了一个自动识别系统（AIS），以接收船舶应答器信号，用于导航和船舶交通控制。AIS 接收器由德国航空航天中心不来梅航天系统研究所研制，通过将 AIS 信息映射到 MICS 的光学数据上，用来研究并改进基于卫星的船舶交通观测策略。

另一个广角相机用于更好地了解 MICS 观察到的区域。这款全景相机（PAM-CAM）采用商用现货产品，刈幅宽度约为 200km。大量图像数据存储在星载有效载荷计算机中，并在轨进行数据处理，利用具有定制定向天线的高频业余无线电 S 波段下行链路系统传输到地面站。

FLP 卫星最后一个载荷是卫星离轨机构，以满足联合国机构间空间碎片协调委员会（IADC）为减少轨道碎片堆积而建议的 25 年最大轨道寿命要求。在卫星寿命结束时，卫星离轨机构释放大面积箔片屏蔽层，以与轨道上的残余大气产生更高的相互作用，产生启动阻力，从而加快卫星的离轨。

10.5　卫星姿态控制系统

FLP 卫星姿态控制系统（ACS）及其算法完全在 Matlab/Simulink 环境中进

行定义、开发并进行了测试[89,90]。卫星姿态控制系统的主要功能包括:

- 在卫星与运载火箭分离后或在紧急情况下,降低转速。
- 仅通过使用可靠的设备来确保供电的安全模式。
- 使用可靠的传感器进行粗略的姿态测定。
- 将卫星指向任何给定目标的能力,绝对指向精度为 150 弧秒。
- 用于提高速率和姿态测量精度的卡尔曼滤波器。
- 轨道和磁场模型的传播。
- 传感器数据的状态估计和评级。

10.5.1　传感器和驱动器

FLP 卫星用于姿态控制系统的所有传感器见表 10.2。主要包括 2 个冗余磁强计系统(MGM)、4 个光纤陀螺(FOG)、分布在卫星上的 8 个太阳传感器(SUS)、一个带有 3 个接收器和天线的 GPS 以及一个带有 2 个摄像头的高精度星敏感器(STR)系统。

表 10.2　FLP 卫星传感器参数表

	MGM	FOG	SUS	GPS	STR
输出	磁场矢量 (3×1)	转速(标量)	太阳电池电流 (标量)	位置(3×1) 速度(3×1)	四元惯性 (4×1)
传感器	2	4	8	3	2
单位	T	°/s	A	m m/s	—
分辨率/准确度	5nT(LSB)	2×10^{-6}°/s (LSB)	50mA	10m 0.1m/s	5 弧秒
控制速率	1.5Hz/3Hz/6Hz	10Hz	10Hz	1Hz	5Hz
通信方式	RS422	FOG IF	RS422(PCDU)	RS422	RS422
制造商	ZARM	NG-LITEF	Vectronic Aerospace	DLR	DTU

FLP 卫星驱动器的关键参数见表 10.3,包括 3 个磁力矩器(MGT)和 4 个反作用轮(RWL)。

表 10.3　驱动器概述

	MGT	RWL
输入	磁偶极矩	旋转率
数量	1 个单元 3 个冗余线圈	4 个反作用轮
单位	A·m^2	N·m

（续）

	MGT	RWL
控制速率	10Hz	10Hz
通信方式	I^2C	RS422
制造商	ZARM	Rockwell collins

10.5.2　控制模式

FLP 卫星控制系统可在 6 种不同的模式下运行，如图 10.3 和图 10.4 所示。

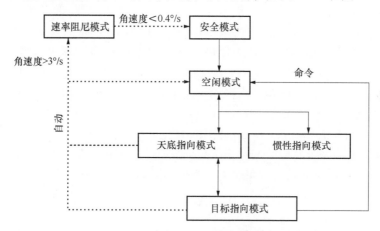

图 10.3　FLP 模式转换（©斯图加特大学 IRS）

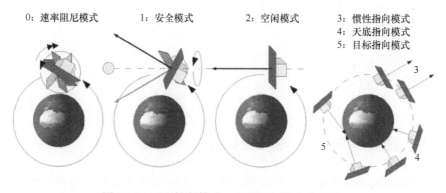

图 10.4　卫星控制模式（©斯图加特大学 IRS）

- 速率阻尼模式和安全模式

星箭分离后，FLP 卫星将以高达 $10°/s$ 的旋转速率 $|\omega B|$ 旋转。对于这种情况以及在紧急情况下，速率阻尼模式旨在仅通过磁力矩器作为驱动器，将转速降低至 $|\omega B| = 0.4°/s$。然后，卫星将切换到安全模式，使负 z 轴（见图 10.1）朝向太

阳，并围绕 z 轴按照 $|\omega B| = 2°/\mathrm{s}$ 的转速旋转，以稳定该方向。该模式旨在提供一种安全状态，卫星平台可以保证能源平衡，仅使用数量最少且可靠的传感器和驱动器。

安全模式和速率阻尼模式是卫星的后备模式，使卫星处于安全状态，必须设计得非常可靠，以便在卫星发生故障时延长卫星的生存时间。

- 空闲模式

空闲模式用于 FLP 卫星在地面遥控处于空闲状态或在装载任务时间表的预定观测之间的正常运行期间为电池充电。在该模式下，卫星的 3 轴控制单元（带有相应的传感器和驱动器）开始运行。

- 指向工作模式

为了执行有效载荷操作任务，FLP 卫星有 3 种不同的指向模式。第一种模式设计用于将卫星坐标系定向到惯性坐标系，因此这种模式称为惯性指向模式。对于这种模式，不需要任何当前位置的信息，因为惯性参考矢量不依赖于位置信息。相比之下，其他两种指向模式（天底指向模式和目标指向模式）确实需要卫星位置信息，因为指向最低点、地球中心或任何给定目标的方向取决于卫星当前位置。因此，除了天底指向模式中目标对象为 $\vec{t}_{\mathrm{nadir}} = (0,\ 0,\ 0)^{\mathrm{T}}$ 外，目标指向模式和天底指向模式在姿态控制策略方面基本相同。

图 10.3 列出了所有卫星在轨可能存在的工作模式转换，命令转换用粗实线表示，自动转换（在大多数情况下是由检测到的星载问题引起的）用虚线表示。

10.6　卫星通信链路

为了与地面站通信，测控系统使用全向天线在商用 S 波段接收遥控指令和传输遥测数据。所有这些遥控/遥测数据包根据空间数据系统咨询委员会（CCSDS）标准协议进行编码。

有效载荷数据下行链路也在业余无线电频率的 S 波段范围内使用单独的星载发射机实现。

10.7　卫星电气架构与功能框图

该卫星由 3 块太阳电池帆板供电，这些太阳电池帆板采用三结 $\mathrm{GaInP_2/GaAs/Ge}$ 太阳电池。在中间体装帆板上，还安装了一子串更为先进的三结太阳电池，用于开展在轨试验验证。

预计最大功率约为 230W。电源系统由 PCDU 控制，该单元具有电池充电调节功能，可提供 19~25V 的不可调节总线电压。蓄电池组采用商用磷酸铁锂电池组装而成，用于在地影区为整星供电（见图 10.5）。

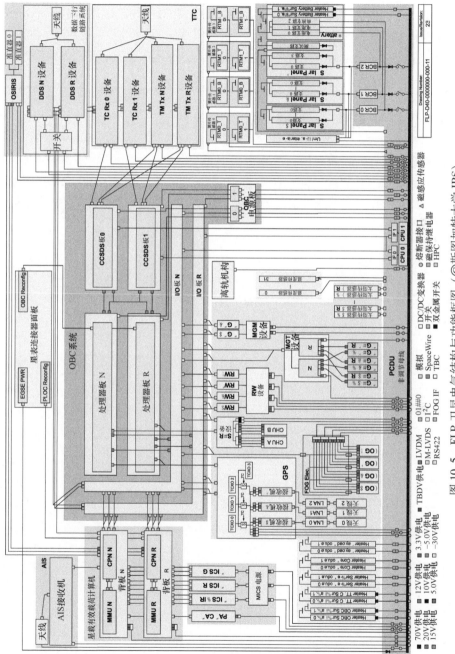

图 10.5　FLP 卫星电气结构与功能框图（©斯图加特大学 IRS）

注：彩图见插页。

星箭分离后为实现太阳电池帆板展开过程中避免使用火工装置，斯图加特大学空间系统研究所开发了电热熔丝解锁机构。发射期间固定太阳电池帆板的螺栓通过一个分离螺母连接到卫星上，分离螺母由热熔丝固定在一起。星箭分离后，热熔丝被电阻加热熔化，太阳电池帆板实现展开。

离轨机构安装在运载火箭适配器支架内，直到其在卫星任务结束时展开。它是一个扁平的方形帆，采用非火工双金属开关展开。

10.8　运载火箭和主载荷 EMC 设计约束

对于运载火箭供应商来说，卫星发射时处于关机状态，并在星箭分离后实现启动至关重要，卫星自动依次执行发射和早期入轨阶段（LEOP）程序。因此，在发射期间，卫星不会发射任何射频频谱。

第 11 章 设备附件和数据表

© Sidorov - Fotolia.com

11.1 处理器板 DSU/以太网接口卡

1. 概述

为了调试和测试星载计算机（OBC）处理器板电性件和飞行件，Aeroflex Colorado Springs 设计了一个小型 PCB 板卡，分别与 LEON3FT 的 DSU 和以太网接口连接。DEI 板卡对于工程师验证处理器板是否满足终端用户应用需求非常有用。

DEI 板卡具有以下重要功能：

• 重置 SBC：

在软件开发过程中，处理器上运行的代码通常不成熟，因此崩溃可能并且确实经常发生。外部复位很有价值，允许用户在不重启电源的情况下复位处理器。在卫星试验台上使用 OBC 电性件进行 OBSW 测试期间，广泛使用了该功能。请参考图 1.16 和图 9.3。

• DSU 接口：

LEON3FT 有一个调试支持单元，使用户能够修改寄存器、加载程序，并使用命令提示符窗口中运行的简单命令与 LEON3F 进行交互。该功能已用于 STB 中的处理器板电性件以及 FlatSat 环境中的完整 OBC 飞行件中。请参考图 1.16 和图 9.12。

• 以太网接口：

单端的以太网信号路由链接到 SBC 的 44 针连接器上，并且这些信号连接到 DEI 的一个以太网物理配置上，然后使用 DEI 上的以太网连接器连接到 SBC LEON3FT 上的以太网端口。

2. DEI 连接器

DEI 板卡上有 4 个连接器，类型和功能如下：

• 44 针 D-Sub 母头连接器：

用于连接到 SBC，并包含所有通电、复位和连接到以太网和 DSU 的信号。

• 以太网连接器：

用于连接任何 10/100Mbit/s 以太网网络。

• DSU Molex 连接器：

使用 Xilinx JTAG 接口盒连接 LEON3FT DSU 的标准 14 针连接器。

• 9 针 D-Sub 母头连接器：

测试台 3.3V 供电正线和回线。

3. 功能框图和外形尺寸

图 11.1 显示了 DEI 板卡的总体布局以及尺寸。该板卡与 SBC 的连接设计为兼容电缆连接或非电缆连接两种形式。

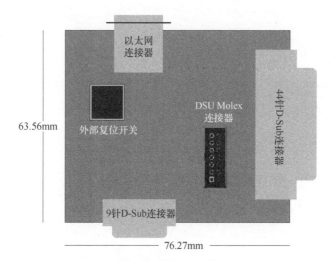

图 11.1 DSU/以太网接口卡（© Aeroflex Inc.）

4. LEON3FT 以太网接口

标准以太网物理设备从 DSU/以太网接口卡上的以太网连接器连接到 44 针 D-Sub 连接器上的以太网信号。

5. LEON3FT DSU 接口

DSU/以太网接口卡上 14 针 Molex 连接器上的信号直接连接到 44 针 D-Sub 连接器。这允许用户使用 Xilinx 平台 USB 连接到 LEON3FT DSU 单元。

6. DSU/以太网接口的跳线设置

见表 11.1。

表 11.1 DSU/以太网接口卡跳线设置

跳线号	定义	功能
J4	Leon DSU 使能	Leon DSU 启用跳线。连接跳线以使能高电平 LEON3FT DSU 启用信号
J5	JTAG 复位	对 LEON3FT 的 JTAG/DSU 复位为低电平有效。连接跳线以设为复位
J6	DSU 中断	高电平有效的 DSU 断开信号。连接跳线以启用中断信号
J8	以太网时钟三态	与 25MHz 以太网振荡器的低电平有效连接。将跳线连接到三态振荡器输出端
J10	DSU 模式测试点	高电平有效信号表明 DSU 是否被启用
J11	以太网错误测试点	当有错误时，该信号将变为高电平，可在以太网物理设备上被检测到

7. 供电连接器

DEI 卡通过 9 针 D-Sub 连接器供电，这些产品可通过许多电子供应商获得。

功能定义见表 11.2。

表 11.2   DSU/以太网接口卡上的 9 针 D-Sub 连接器引脚分配

引脚号	I/O	引脚定义
1	I	GND
2	I	GND
3	I	3.3V
4	I	3.3V
5	I	3.3V
6	I	GND
7	I	GND
8	I	3.3V
9	I	3.3V

8. DSU 和以太网的安装

在 SBC 上实施 DSU 和以太网接口时，DSU/以太网接口卡上的 44 针 D-Sub 母头连接器必须连接到 OBC 处理器板上的 44 针 D-Sub 公头连接器，如图 11.2

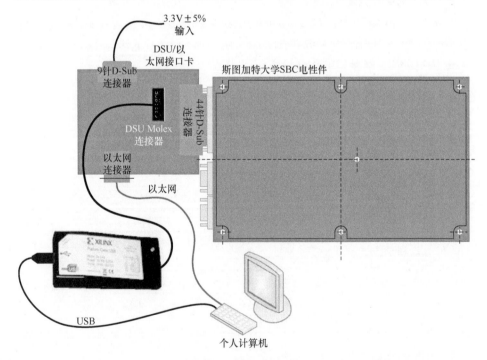

图 11.2   DSU/以太网接口卡连接关系图（© Aeroflex Inc.）

所示。注意，如果 DEI 卡和 SBC 之间需要更大的距离，可以使用电缆。必须使用 Xilinx 平台 USB 编程器连接 DSU。此类设备很容易获得，并配有连接到 DEI 卡上 Molex 14 针连接器的带状电缆。有关使用 Xilinx 平台 USB 实现 DSU 的信息，请参阅 LEON3FT 文档。

11.2 CCSDS 标准

11.2.1 CCSDS 字段定义

以下各节介绍了根据空间数据系统咨询委员会（CCSDS）建议的惯例，适用于 CCSDS 板解码器/编码器固件和 OBC 软件的所有相关结构：

- 数组的最高有效位位于左侧，携带索引号 0，并首先传输。
- 一个八比特组包括 8 位。

通用约定，适用于信号和接口：

- 信号名称采用混合大小写。
- 名称中的大写 "_N" 后缀表示信号低有效（见表 11.3）。

表 11.3 CCSDS n 位字段定义

CCSDS n 位字段		
最高有效位		最低有效位
0	1~n-2	n-1

11.2.2 伽罗瓦域（有限域）

根据 CCSDS 的建议，对所有的伽罗瓦域 GF（2^8）符号定义如下：

- 伽罗瓦域 GF（2^8）符号包括 8 位。
- 符号最低有效位位于左侧，携带的索引号为 0，并且首先传输（见表 11.4）。

表 11.4 伽罗瓦域 GF 符号定义

伽罗瓦域 GF（2^8）符号		
最低有效位		最高有效位
0	1~6	7

11.2.3　遥测传输帧格式

参考文献〔19，26〕中规定的遥测传输帧由主标头、辅助标头、数据字段和具有以下结构的附加数据组成（见表 11.5~表 11.9）。

表 11.5　遥测传输帧格式

传输帧			
传输帧头		传输帧数据字段	传输帧附加数据
主	辅助（可选）	无程序数据包	OCF/FECF（可选）
6 个八比特组	可变	可变	0/2/4/6 个八比特组
最多 2048 个八比特组			

表 11.6　遥测传输帧主标头格式

传输帧主标头						
帧识别				主通道帧数	虚拟通道帧数	帧数据字段状态
版本	S/C 标识	VC 标识	OCF 标志	8 位	8 位	16 位
2 位 0:1	10 位 2:11	3 位 12:14	1 位 15			
2 个八比特组				1 个八比特组	1 个八比特组	2 个八比特组

表 11.7　遥测传输帧部分主标头格式

帧数据字段状态				
辅助标头标志	同步标志	数据包顺序标志	分段长度标识	第一标头指标
1 位 0	1 位 1	1 位 2	2 位 3:4	11 位 5:15
2 个八比特组				

表 11.8　遥测传输帧辅助标头格式

传输帧辅助标头（可选）		
辅助标头标识		辅助标头数据字段
辅助标头版本	辅助标头长度	自定义数据
2 位 0:1	6 位 2:7	
1 个八比特组		最多 63 个八比特组

表 11.9　遥测传输帧附加数据格式

传输帧附加数据（可选）	
操作控制字段（可选）	帧错误控制字段（可选）
0/4 个八比特组	0/2 个八比特组

11.2.4　Reed-Solomon 编码器数据格式

参考文献 [17, 25] 规定了 Reed-Solomon E = 16（255, 223）码，得出表 11.10 中列出的帧长度和码块大小。

表 11.10　附加同步标记的 Reed-Solomon E = 16 码

交错深度	附加同步标记（八比特组）	传输帧（八比特组）	Reed-Solomon 检查符号（八比特组）
1	4	223	32
2		446	64
3		669	96
4		892	128
5		1115	160
8		1784	256

参考文献 [25] 还规定了一个 Reed-Solomon E = 8（255, 239）码，从而得出表 11.11 中列出的帧长度和码块大小。

表 11.11　附加同步标记的 Reed-Solomon E = 8 码

交错深度	附加同步标记（八比特组）	传输帧（八比特组）	Reed-Solomon 检查符号（八比特组）
1	4	239	16
2		478	32
3		717	48
4		956	64
5		1195	80
8		1912	128

11.2.5　附加同步标记

附加同步标记模式取决于使用的编码方案，见表 11.12[17,25]。

表 11.12　附加同步标记的十六进制模式

模式	十六进制流（从左到右）
正常	1ACFFC1D$_h$

11.2.6　遥控传输帧格式

参考文献［20，35］中规定的遥控传输帧由一个主标头、一个数据字段和附加数据组成（见表 11.13 ~ 表 11.15）。

表 11.13　遥控传输帧格式

传输帧			
传输帧主标头	传输帧数据字段		帧错误控制字段（可选）
	分段标头（可选）	无程序数据包	
5 个八比特组	可变	可变	2 个八比特组
最多 1024 个八比特组			

表 11.14　遥控传输帧主标头格式

传输帧主标头							
版本	旁路标志	控制命令标志	保留备用	S/C 标识	虚拟通道标识	帧长度	帧序列号
2 位	1 位	1 位	2 位	10 位	6 位	10 位	8 位
0:1	3	4	5	6:15	16:21	22:31	32:39
2 个八比特组				2 个八比特组		1 个八比特组	

表 11.15　遥控传输帧辅助标头格式

分段标头（可选）	
序列标志	复用器接入点（MAP）标识
2 位	6 位
40:41	42:47
1 个八比特组	

11.2.7　命令链路控制字

命令链路控制字（CLCW）可以作为传输帧附加数据中的操作控制字段（OCF）的一部分来发送。参考文献［20，35］中规定了 CLCW，见表 11.16。

表 11.16　命令链路控制字

命令链路控制字						
控制字类型	版本号	状态字段	有效的 COP	虚拟通道标识符		保留备用
0	1:2	3:5	6:7	8:13		14:15
1 位	2 位	3 位	2 位	6 位		2 位
无可用射频	无锁定位	锁定	等待	重传	FARM B 计数器	保留备用	报告值
16	17	18	19	20	21:22	23	24:31
1 位	1 位	1 位	1 位	1 位	2 位	1 位	

11.2.8　空间数据包

CCSDS[27,28]中定义的空间数据包见表 11.17。

表 11.17　CCSDS 空间数据包格式

空间数据包									
主标头							数据包数据字段		
数据包版本号	数据包标识			数据包序列控制		数据包数据长度	辅助标头（可选）	用户数据字段	数据包错误控制（可选）
	类型	辅助标头标志	应用过程标识	序列标志	序列计数				
0:2	3	4	5:15	16:17	18:31	32:47			
3 位	1 位	1 位	11 位	2 位	14 位	16 位	可变	可变	可变

11.2.9　异步位串行数据格式

异步位串行接口符合 EIA-232 中定义的数据格式。它还符合表 11.18 和图 11.3 所示的数据格式和波形。该接口与传输的数据内容无关。数据位考虑正逻辑。停止位的数量可以是一个或两个，可以包括奇偶校验位。

表 11.18   异步位串行数据格式

异步位串行数据格式	起始首位	D0 lsb	D1	D2	D3	D4	D5	D6	D7 msb	奇偶校验	结束	结束末位
一般数据格式 i = {0, n}		8*i+7 末位	8*i+6	8*i+5	8*i+4	8*i+3	8*i+2	8*i+1	8*i 首位			

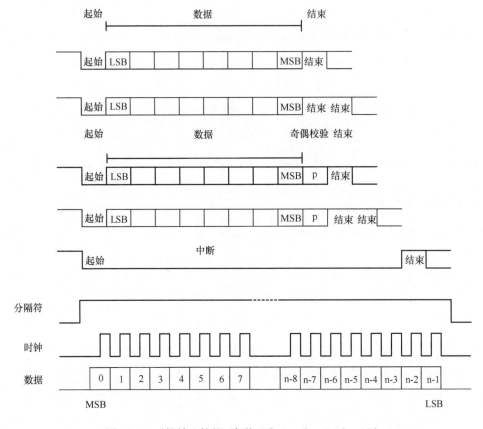

图 11.3   遥控输入协议/波形 (© Aeroflex Gaisler AB)

11.2.10   SpaceWire 远程存储器访问协议

参考文献 [14] 规定了 RMAP 命令的一般定义。对于遥测虚拟信道 0~3，完整的 CCSDS 空间数据包[27,28]被携带在 RMAP 写入命令[14]内，RMAP 写入命令[14]又被携带在 SpaceWire 数据包[12]内，见表 11.19。

表 11.19　SpaceWire 数据包内 RMAP 写入命令中的 CCSDS 空间数据包

SpaceWire 数据包	目的地址		Cargo												EOP
	目标 SpaceWire 地址	目标逻辑地址	协议标识符	指令	密钥	回复地址	起始逻辑地址	交易标识符	扩展地址	地址	数据长度	标头 CRC	数据	数据 CRC	EOP
RMAP 写入命令	可选，可用	1 字节	1 字节	1 字节	1 字节	可选，可变	1 字节	2 字节	1 字节	4 字节	3 字节	1 字节	可变	1 字节	令牌
CCSDS 空间数据包													CCSDS 空间数据包		

11.2.11　命令链路控制字接口

见表 11.20。

表 11.20　命令链路控制字（CLCW）传输协议

字节号	CLCW 寄存器位	CLCW 内容						
1	[31:24]	控制字类型	CLCW 版本号	状态字段	有效的 COP			
2	[23:16]	虚拟通道标识	保留字段					
3	[15:8]	无可用射频	无锁定位	锁定	等待	重传	FarmB 计数器	报告类型
4	[7:0]	报告值						
5	N/A	[RS232 中断命令]						

11.2.12　波形格式

设计接收并生成波形格式，如图 11.3 所示。

11.3　所选遥测编码器寄存器

见表 11.21~表 11.28。

表 11.21　GRTM DMA 外部 VC 控制和状态寄存器

31		6	5	4		3	2	1	0
保留			XTFO	保留			XTI	XTE	XEN

31:6	保留
5	正在进行的外部传输帧（XTFO）—通过 DMA 传输的遥测帧用于外部 VC（虚拟通道 3~6）正在进行（只读）
4:3	保留
2	外部传输中断（XTI）—外部 VC 的 DMA 中断，通过写入逻辑 1 来清除（不用的）
1	外部传输错误（XTE）—外部 VC 的 DMA 传输欠载（虚拟通道 3~6），通过写入逻辑 1 来清除
0	外部使能（XEN）—为外部 VC（虚拟通道 3~6）使能 DMA 传输（注意，描述符表将持续被检查，直到清除该位为止）

表 11.22　GRTM DMA 外部 VC 描述符指针寄存器

31		10	9		3	2		0
BASE			INDEX			"000"		

31:10	描述符基（BASE）—描述符表基地址（虚拟通道 3~6）
9:3	描述符索引（INDEX）—描述符表中活动描述符的索引
2:0	保留—固定为"000"

表 11.23　GRTM 控制寄存器

31		1	0
保留			TE

31:1	保留
0	传输使能（TE）—使能遥测传输（应在遥测传输完成配置后进行，包括 GRTM DMA 长度寄存器中的 LENGTH 字段）

表 11.24　GRTM 配置寄存器（只读）

31	23	22	21	20	19	18	17	16	15	14	13	12	11	10 9	8 6	5	4	3	2	1	0
保留		OCFB	CIF	AOS	FHEC	IZ	MCG	FSH	IDLE	EVC	OCF	FECF	AASM	RS	RS DEPTH	TE	PSR	NRZ	CE	SP	SC

31:23　保留

22　操作控制字段旁路（OCFB）—CLCW 在外部实现，没有 OCF 寄存器

21　加密/密码接口（CIF）—协议和通道编码子层之间的接口

20　先进的轨道系统（AOS）—实现 AOS 传输帧生成

19　帧头错误控制（FHEC）—实现帧头错误控制，只有在 AOS 也被设置的情况下才有可能

18　插入区（IZ）—实现插入区，只有在 AOS 也被设置的情况下才有可能

17　主通道生成（MCG）—实现主通道计数器的生成

16　辅助帧头（FSH）—实现辅助帧头

15　闲置帧生成（IDLE）—实现闲置帧的生成

14　扩展的 VC 控制（EVC）—实现扩展的虚拟通道计数器（ECSS）

13　操作控制字段（OCF）—CLCW 在内部实现，OCF 寄存器

12　帧错误控制字段（FECF）—实现传输帧 CRC

11　可替代 ASM（AASM）—实现可替代附加同步标记

10:9　Reed-Solomon（RS）—实现 Reed-Solomon 编码，"01" E = 16，"10" E = 8，"11" E = 16 & 8

8:6　Reed-Solomon 深度（RSDEPTH）—实现 Reed-Solomon 交错深度 1

5　Turbo 编码器（TE）—实现 Turbo 编码（保留）

4　伪随机器（PSR）—实现伪随机器

3　非归零（NRZ）—实现非归零标记的编码

2　卷积编码（CE）—实现卷积编码

1　分相电平（SP）—实现分相电平调制

0　副载波（SC）—实现副载波调制

表 11.25　GRTM 物理层寄存器

31	30	16	15	14	0
SF	SYMBOLRATE		SCF	SUBRATE	

31　符号下降（SF）—符号时钟在符号位开始时有一个下降沿

30:16　符号率（SYMBOLRATE）—符号率划分系数 1

15　副载波下降（SCF）—副载波输出以下降沿开始，为逻辑 1

14:0　副载波率（SUBRATE）—副载波划分系数 1

表 11.26　GRTM 编码子层寄存器

31　　　　　　　20	19	18　　17	16	15 14	12	11	10　　　　8	7	6	5	4　　　　2	1	0
保留	C I F	CSEL	A A S M	RS	RSDEPTH	R S 8	保留	P S R	N R Z	CE	CERATE	SP	SC

31:20	保留
19	加密/密码接口（CIF）—使能子层之间的外部加密/密码接口
18:17	时钟选择（CSEL）—选择外部遥测时钟源（特定应用）
16	可替代 ASM（AASM）—使能可替代附加同步标记。当使能时，使用 GRTM 附加同步标记寄存器的值，否则使用标准化的 ASM 值 0x1ACFFC1D
15	Reed-Solomon（RS）—使能 Reed-Solomon 编码
14:12	Reed-Solomon 深度（RSDEPTH）—Reed-Solomon 交错深度 1
11	Reed-Solomon 速率（RS8）—'0' E=16，'1' E=8
10:8	保留
7	伪随机器（PSR）—使能伪随机器
6	非归零（NRZ）—使能非归零标记编码
5	卷积编码（CE）—使能卷积编码
4:2	卷积编码率（CERATE）：
	"00-" 率 1/2，无穿孔
	"01-" 率 1/2，穿孔
	"100" 率 2/3，穿孔
	"101" 率 3/4，穿孔
	"110" 率 5/6，穿孔
	"111" 率 7/8，穿孔
1	分相电平（SP）—使能分相电平调制
0	副载波（SC）—使能副载波调制

表 11.27　GRTM 附加同步标记寄存器

31　　　　　　　　　　　　　　　　　　　　　　　　　　　　　　　　0
ASM

31:0	附加同步标记（ASM）—可替代 ASM（第 31 位 MSB 首先发送，第 0 位 LSB 最后发送）（重置值是标准化的可替代 ASM 值 0x352EF853）

表 11.28　GRTM 空闲帧生成寄存器

31　　　　　　24	23 22	21	20	19	18	17	16	15　　　　　10	9　　　　　　　0
IDLEMCFC	保留	IDLE	OCF	EVC	FSH	VCC	MC	VCID	SCID

31:24　　空闲主通道帧计数器（IDLEMCFC）—诊断程序读出（只读，仅 TM）

23:22　　保留

21　　　空闲帧（IDLE）—使能空闲帧生成

20　　　操作控制字段（OCF）—为空闲帧使能 OCF

19　　　扩展虚拟通道计数器（EVC）—为空闲帧使能扩展虚拟通道计数器生成（仅 TM，ECSS）

18　　　帧辅助标头（FSH）—为空闲帧使能 FSH（仅 TM）

17　　　虚拟通道计数器周期（VCC）—为空闲帧使能虚拟通道计数器周期生成（仅 AOS）

16　　　主通道（MC）—为空闲帧使能单独的主通道计数器（仅 TM）

15:10　　虚拟通道标识符（VCID）—空闲帧的虚拟通道标识符

9:0　　　航天器标识符（SCID）—空闲帧的航天器标识符

11.4　遥测编码器：虚拟通道生成寄存器

虚拟通道生成功能内核通过映射到 APB 地址空间的寄存器进行编程（见表 11.29）。

表 11.29　GRTM PAHB 寄存器

APB 地址偏移	寄存器
16#004#	状态寄存器
16#008#	控制寄存器

状态寄存器（R）

见表 11.30。

表 11.30　状态寄存器

31　　　　　　　　　　　　　　　　2	1	0
	BUSY	READY

1:　　BUSY　　　　没有准备好新输入，正忙于处理八比特组

0:　　READY　　　准备接收最大的数据包

重置时所有位都清 0

控制寄存器（R/W）

见表 11.31。

表 11.31　控制寄存器

31		10	9	8	7	3	2	1	0
			BUSYEN	READYEN	—		VALID	RST	EN

9：	BUSYEN	当为 1 时使能非忙中断
8：	READYEN	当为 1 时准备好数据包中断
2：	VALID	数据包有效分隔符，当为 1 时数据包有效，当为 0 时数据包之间有效（只读）
1：	RST	当为 1 时重置完整内核
0：	EN	当为 1 时使能接口

重置时所有位都清 0。注意，RST 被读回为 0

AHB I/O 区域

要传输到虚拟通道生成功能的数据被写入 AMBA AHB 从接口，该接口实现 AHB I/O 区域。详见参考文献 [64]。

注意，地址不由内核解码。地址解码仅由 AMBA AHB 控制器完成，其 I/O 区域位置和大小是固定的。按照 AMBA 关于发送顺序的双字节约定，可以一次传输一个、两个或四个字节。最后写入的数据可以通过 AMBA AHB 从接口读取。数据在虚拟信道生成接口上以八比特组的形式输出（见表 11.32 和表 11.33）。

表 11.32　AHB I/O 区域——数据字定义

31	24	23	16	15	8	7	0
DATA [31:24]		DATA [23:16]		DATA [15:8]		DATA [7:0]	

表 11.33　AHB I/O 区域——发送指令

传输尺寸	地址偏移	DATA [31:24]	DATA [23:16]	DATA [15:8]	DATA [7:0]	备注
字	0	First	Second	Third	Last	发送 4 个字节
半字	0	First	Last	—	—	发送 2 个字节
	2	—	—	First	Last	发送 2 个字节
字节	0	First	—	—	—	发送 1 个字节
	1	—	First	—	—	发送 1 个字节
	2	—	—	First	—	发送 1 个字节
	3	—	—	—	First	发送 1 个字节

11.5　所选遥控解码器寄存器

见表 11.34~表 11.44。

表 11.34　全局复位寄存器

31	24	23		1	0
SEB		保留			SRST

31:24	SEB（安全字节）：
	写：'0×55'=写生效（寄存器将被更新）
	任何其他值=写操作对寄存器没有影响
	读：全 0
23:1	保留
	写：无影响
	读：全 0
0	系统复位（SRST）：[1]
	写：'1'=启动复位，'0'=什么都不做
	读：'1'=不成功复位，'0'=成功复位
	注意：编码层未复位

通电默认：0x00000000

表 11.35　全局控制寄存器（GCR）

31	24	23	13	12	11	10	9	0
SEB		保留		PSS	NRZM	PSR	保留	

31:24	SEB（安全字节）：
	写：'0×55'=写生效（寄存器将被更新）
	任何其他值=写操作对寄存器没有影响
	读：全 0
23:13	保留
	写：无影响
	读：全 0
12	PSS（ESA/PSS 启用）[11]
	写/读：'0'=禁用，'1'=启用［只读］
11	NRZM（使能非归零标记解码器）
	写/读：'0'=禁用，'1'=启用［只读］
10	PSR（使能伪去随机器）
	写/读：'0'=禁用，'1'=启用［只读］
9:0	保留
	写：无影响
	读：全 0

通电默认：0x00001000，默认值取决于 tcmark 和 tcpseudo 输入

以下寄存器设置遥控的航天器 ID。这取决于订购时的 IP 内核配置，见表 4.15。

表 11.36　航天器标识符寄存器（SIR）[7]

31	10 9	0
保留	SCID	

31:10　保留
　　　　写：无影响
　　　　读：全 0

9:0　SCID（航天器标识符）
　　　　写：无影响
　　　　读：Bit［9］=MSB，Bit［0］=LSB

通电默认：取决于 SCID 输入配置

表 11.37　帧接收报告寄存器（FAR）[7]

31	30	25 24	19 18	16 15	14 13	11 10	0
SSD	保留	CAC	CSEC	保留	SCI	保留	

31　SSD（调查数据状态）（见参考文献［44］）
　　　写：无影响
　　　读：当编码层更新任何其他字段时自动清 0。读取时自动设置为 1

30:25　保留
　　　　写：无影响
　　　　读：全 0

24:19　CAC（接收代码块的计数）（见参考文献［44］）
　　　　写：无影响
　　　　读：从编码层获得的信息[2]

18:16　CSEC（单个错误校正计数）（见参考文献［44］）
　　　　写：无影响
　　　　读：从编码层获得的信息

15:14　保留
　　　　写：无影响
　　　　读：全 0

13:11　SCI（选择的通道输入）（见参考文献［44］）
　　　　写：无影响
　　　　读：从编码层获得的信息

10:0　保留
　　　　写：无影响
　　　　读：全 0

通电默认：0x00003800

表 11.38　CLCW 寄存器（CLCWRx）[43]

31	30	29 28 26	25 24	23 18	17　16	15	14	13	12	11	10 9	8	7 0
CWTY	VNUM	STAF	CIE	VCI	保留	NRFA	NBLO	LOUT	WAIT	RTMI	FBCO	RTYPE	RVAL

31	CWTY（控制字类型）
30:29	VNUM（CLCW 版本号）
28:26	STAF（状态字段）
25:24	CIE（有效的 COP）
23:18	VCI（虚拟通道标识符）
17:16	保留（PSS/ECSS 要求 "00"）
15	NRFA（无可用射频） 写：无影响 读：基于离散输入
14	NBLO（无锁定位） 写：无影响 读：基于离散输入
13	LOUT（锁定）
12	WAIT（写）
11	RTMI（重）
10:9	FBCO（FARM-B 计数器）
8	RTYPE（报告类型）
7:0	RVAL（报告值）

通电默认：0x00000000

以下寄存器向 OBSW 提供来自接收机的可用射频标志和锁定位标志。

表 11.39　物理接口寄存器（PHIR）[7]

31　　　　　　　　　　　　　　　16	15　　　　　　8	7　　　　　　0
保留	RFA	BLO

31:16	保留 写：无影响 读：全 0
15:8	RFA（可用射频）[3] 仅考虑已实现的输入。所有其他位都为 0 写：无影响 读：Bit［8］=输入 0，Bit［15］=输入 7
7:0	BLO（锁定位）[3] 仅考虑已实现的输入。所有其他位都为 0 写：无影响 读：Bit［0］=输入 0，Bit［7］=输入 7

通电默认：取决于输入

表 11.40 控制寄存器 (COR)

31		24	23		10	9	8		1	0
SEB			保留			CRST	保留			RE

31:24	SEB (安全字节):
	写: '0x55'=写有效 (寄存器将被更新).
	任何其他值=写操作将对寄存器无影响
	读: 全 0
23:10	保留
	写: 无影响
	读: 全 0
9	CRST (通道复位)[4]
	写: '1'=启动通道复位, '0'=什么都不做
	读: '1'=不成功复位, '0'=成功复位
	注意: 编码层未复位
8:1	保留
	写: 无影响
	读: 全 0
0	RE (使能接收器)
	当 RE 位被禁用时, 来自编码层接收器的输入被屏蔽
	读/写: '0'=禁用, '1'=启用

通电默认: 0x00000000

以下寄存器对于 OBSW 检测溢出和 FIFO 满错误至关重要。

表 11.41 状态寄存器 (STR)[7]

31		11	10	9		8	7	6		5	4	3		1	0
保留			RBF	保留			RFF	保留		OV		保留			CR

31:11	保留
	写: 无影响
	读: 全 0
10	RBF (RX BUFFER 满)
	写: 无影响
	读: '0'=缓冲区未满, '1'=缓冲区已满 (如果缓冲区的可用空间小于1/8, 则设置此位)
9:8	保留
	写: 无影响
	读: 全 0
7	RFF (RX FIFO 满)
	写: 无影响
	读: '0'=FIFO 不满, '1'=FIFO 满
6:5	保留
	写: 无影响
	读: 全 0
4	OV (溢出)[5]
	写: 无影响
	读: '0'=正常, '1'=数据丢失

（续）

31	11	10	9	8	7	6	5	4	3	1	0
保留		RBF		保留		RFF	保留		OV	保留	CR

3:1　保留

　　　写：无影响

　　　读：全 0

0　　CR（CLTU 准备好）[5]

　　　从 CR 位被置位到数据实际从接收器 FIFO 传输到环形缓冲器，存在最坏情况下的延迟。这取决于 PCI 负载等

　　　写：无影响

　　　读：'1' = 环形缓冲区的新 CLTU. '0' = 环形缓冲区中无新 CLTU

通电默认：0x00000000

OBSW 必须使用表示 TC 缓冲区起始地址的存储器地址初始化以下寄存器。

表 11.42　地址空间寄存器（ASR）[8]

31	10	9	8	7	0
BUFST		保留		RXLEN	

31:10　BUFST（缓冲区起始地址）

　　　　22 位地址指针

　　　　此指针包含为该通道分配的缓冲区空间的起始地址。在启用 DMA 功能之前，必须由软件初始化寄存器

9:8　　保留

　　　　写：无影响

　　　　读：全 0

7:0　　RXLEN（RX 缓冲区长度）

　　　　为 RX 缓冲区保留的 1KB 数据块数

　　　　（最小 1KB = 0x00，最大 256KB = 0xFF）

通电默认：0x00000000

必须在每次 TC 访问时重新初始化以下读写指针。

表 11.43　接收读指针寄存器（RRP）[6,9,10]

31	24	23	0
RxRdPtrUpper		RxRdPtrLower	

31:24　10 位高位地址指针

　　　　写：无影响

　　　　读：此指针 = ASR［31..24］

23:0　　24 位低位地址指针

　　　　此指针包含当前 RX 读地址。该寄存器将随实际读取的字节量而递增

通电默认：0x00000000

表 11.44　接收写指针寄存器（RWP）[6,9]

31	24	23	0
RxWrPtrUpper		RxWrPtrLower	

31:24	10 位高位地址指针
	写：无影响
	读：此指针 = ASR［31.. 24］
23:0	24 位低位地址指针
	该指针包含当前 RX 写地址。该寄存器将随实际写入的字节量而递增

通电默认：0x00000000

说明：

[1] GRR 寄存器中的 SRST 位导致的全局系统重置会导致以下操作：

- 通过写入 "1" 启动，重置成功后，回读时给出 "0"。
- 无需写入 "0" 即可删除重置。
- 无条件地，意味着无需检查/禁用某些内容，即可正确执行此重置功能。
- 当然，可能会导致来自/去往重置内核的数据损坏。
- 重置整个内核（所有逻辑、缓冲区和寄存器值）。
- 行为类似于加电。

注意，上述动作要求 HRESET 信号被反向反馈到 HRESETn，并且 CRESET 信号被反向反馈到 CRESETn。

- 编码层未重置。

[2] FAR 寄存器支持 CCSDS/ECS 标准帧长度（1024 个八比特组），需要 8 位 CAC 字段，而不是为 PSS 指定的 6 位。因此，CAC 的两个最高有效位将溢出到 "LEGAL/ILLEGAL" 帧限定符字段 Bit［26：25］。只有当 PSS 位设置为 "0" 时，才会出现这种情况。

[3] 仅实现输入 0~3。

[4] COR 寄存器中的 CRST 位导致的信道重置会导致以下操作：

- 通过写入 "1" 启动，重置成功后，回读时给出 "0"。
- 无需写入 "0" 即可删除重置。
- 在写入期间设置 CRST 位时，COR 中的所有其他位被忽略（未查看），这意味着这些位的值对复位后的寄存器值没有影响。
- 无条件地，意味着无需检查/禁用某些内容，即可正确执行此重置功能。
- 当然，可能会导致来自/去往重置通道的数据损坏。
- 重置整个通道（所有逻辑、缓冲区和寄存器值）。
- 该通道的 ASR 寄存器除外，该寄存器保持值。
- 所有读和写指针都会自动重新初始化，并指向 ASR 地址的开头。
- 通道的所有寄存器（上述寄存器除外）均获得其通电值。

- 该重置不会导致任何虚假中断。

注意，上述动作要求 CRESET 信号被反向反馈到 CRESETn。

- 编码层未重置。

[5] 这些位是粘性位，这意味着它们在读取寄存器之前一直存在，并且通过读取寄存器自动清除。

[6] 指针的值取决于相应地址空间寄存器（ASR）的内容。

在系统重置、通道重置或 ASR 寄存器更改期间，指针将根据 ASR 寄存器中的值重新计算。

软件必须注意（在编程 ASR 寄存器时）指针永远不必越过 16MB 边界（因为这会导致 24 位指针溢出）。

不可能将超出范围的值写入 RRP 寄存器。这种访问将被 HERROR 忽略。

[7] 如果尝试对没有任何可写位的寄存器进行写访问，则会生成 AMBA AHB ERROR 响应。

[8] 写入 ASR 寄存器导致的通道重置会导致以下操作：

- 通过将更新值写入 ASR 寄存器来启动。
- 无条件地，意味着无需检查/禁用某些内容，即可正确执行此重置功能。
- 当然，可能会导致来自/去往重置通道的数据损坏。
- 重置整个通道（所有逻辑和缓冲区），但不重置所有寄存器值，仅重置以下值：
- COR 寄存器，TE 和 RE 位获得其通电值，其他位保持其值。
- STR 寄存器，所有位获得其通电值。
- 其他寄存器保持其值。
- 使用写入值更新该通道的 ASR 寄存器。
- 所有读和写指针都会自动重新初始化，并指向 ASR 地址的开头。
- 该重置不会导致任何虚假中断。
- 编码层未重置。

[9] 在通道重置期间，寄存器暂时不可用，如果访问，则生成 HRETRY 响应。

[10] 不可能将超出范围的值写入 RRP 寄存器。这样的访问将被忽略而不会出错。

[11] 仅当 TCC 模块上设置了 gPSS 通用时，才支持 PSS 位的使用。固定为 0。

TC 解码器的许多中断寄存器通过提供屏蔽中断、清除中断、强制中断和读取中断状态的方法，为软件提供了完全的自由。有关这些的详细信息，请参见参考文献 [55]。

11.6　OBC 单元 CAD 设计图纸

如图 11.4 所示。

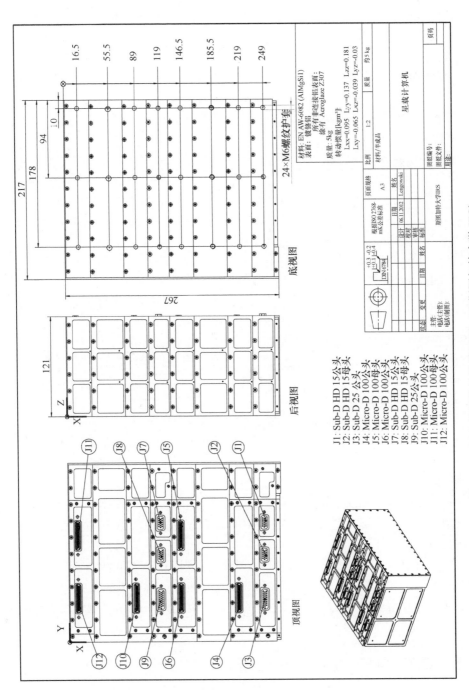

J1: Sub-D HD 15公头
J2: Sub-D HD 15母头
J3: Sub-D 25 公头
J4: Micro-D 100公头
J5: Micro-D 100公头
J6: Micro-D 100公头
J7: Sub-D HD 15公头
J8: Sub-D HD 15母头
J9: Sub-D 25公头
J10: Micro-D 100公头
J11: Micro-D 100母头
J12: Micro-D 100公头

图 11.4　OBC 单元结构设计图纸（©斯图加特大学 IRS）

11.7　OBC 单元 I/O 板连接器引脚定义

I/O 板连接器 D：

- I/O 板内部命名为 D。
- 根据 11.6 节的图，对应 J5/J11 连接器。

通用引脚分配（IF 类型）如图 11.5 所示。

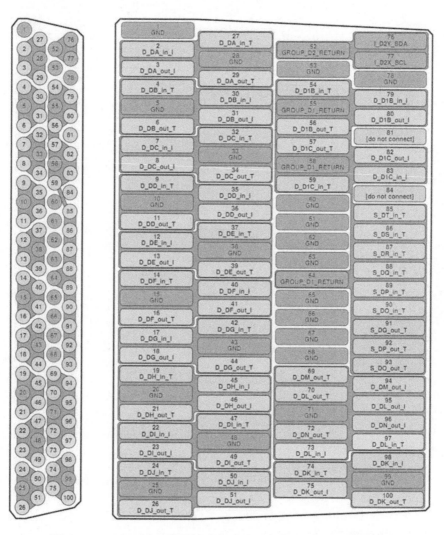

图 11.5　FLP 卫星 I/O 板连接器 D 通用引脚分配（© 4Links Ltd.）

注：彩图见插页。

FLP 卫星设备接口的引脚分配如图 11.6 所示。

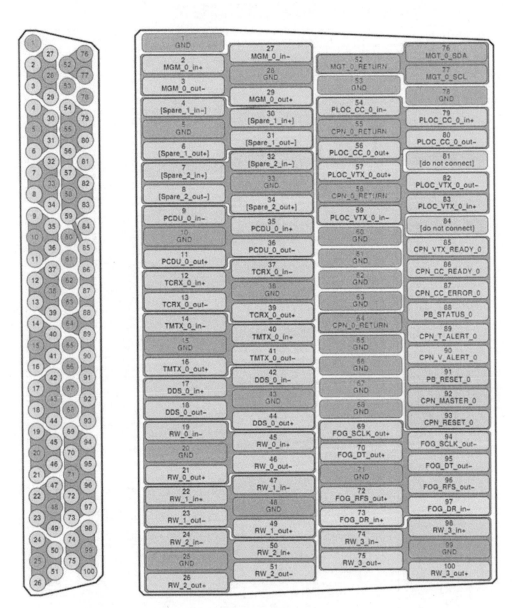

图 11.6   FLP 卫星 I/O 板连接器 D 专用接口 （© 4Links Ltd.）

注：彩图见插页。

I/O 板连接器 E：

- I/O 板内部命名为 E。

- 根据 11.6 节的图，对应 J6/J12 连接器。

通用引脚分配（IF 类型）如图 11.7 所示。

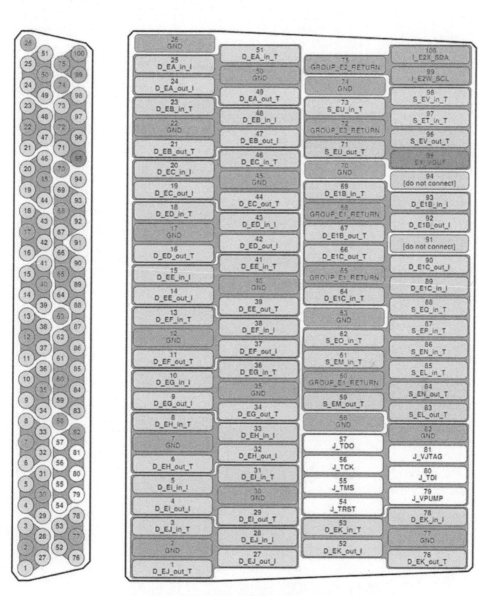

图 11.7　FLP 卫星 I/O 板连接器 E 通用引脚定义（© 4Links Ltd.）

注：彩图见插页。

FLP 卫星设备接口的引脚分配如图 11.8 所示。

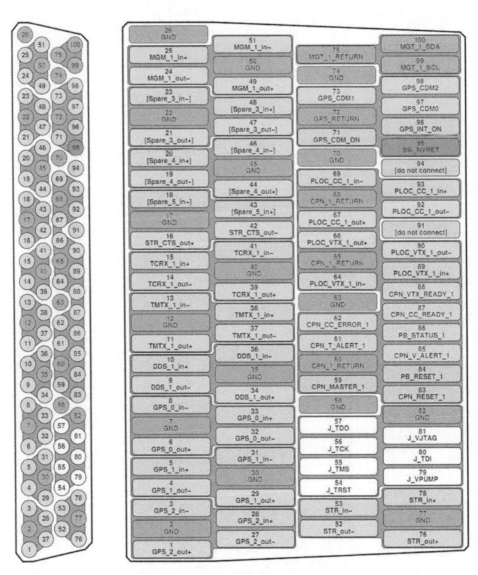

图 11.8 FLP 卫星 I/O 板连接器 E 专用接口 (© 4Links Ltd.)
注：彩图见插页。

11.8 OBC 单元 CCSDS 板连接器引脚分配

收发器接口和交叉互连：

- CCSDS 板内部命名为 E（见图 11.9）。
- 根据 11.6 节的图，对应 J4/J10 连接器。

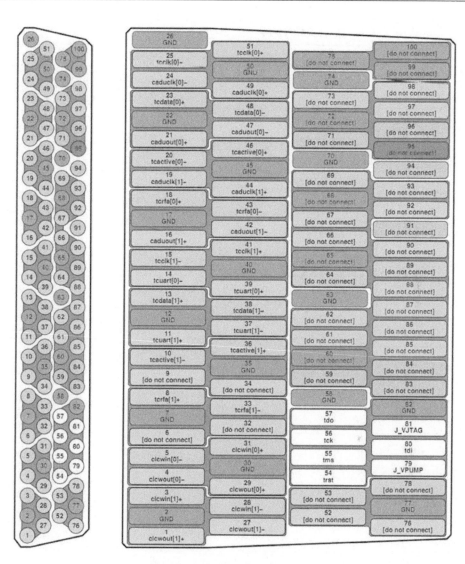

图 11.9 CCSDS 板连接器 E 引脚分配（© 4Links Ltd.）

注：彩图见插页。

11.9 OBC 电源板连接器引脚分配

OBC 电源板外部连接器的连接器/引脚分配见表 11.45~表 11.47。

电源板数据连接器：

- 电源板内部命名为 J2。
- 根据 11.6 节的图，对应 J1/J7 连接器。

表 11.45   J2——长边数据连接器（母头）

引脚号	去往电源板	来自电源板	电压/信号	功能定义
1	处理器板主备份		数据	DSUTMS
2	处理器板主备份		数据	DSUTCK
3	处理器板主备份		数据	DSUTDI
4	处理器板主备份		数据	DSUTDO
5	处理器板主备份		数据	EMDC（DSU）
6	处理器板主备份		数据	DSUACT
7	处理器板主备份		数据	DSUBRK
8	处理器板主备份		数据	DSUEN
9	处理器板主备份		数据	DSURSTN
10		处理器板主备份	数据	（RS422）data+
11		处理器板主备份	数据	（RS422）data-
13		处理器板主备份	3.3V	Ext. power
15		处理器板主备份	GND	Ext. ground

表 11.46   J3——长边电源连接器（母头）

引脚号	去往电源板	来自电源板	电压/信号	用途	功能定义
1	×		20~25	内核	Pwr24 V-processor
2	×		20~25	IO	Pwr24 V-IO
3	×		20~25	CCSDS	Pwr24 V-CCSDS
6	×		回线	内核	Pwr24 V-Ret-processor
11	×		回线	IO	Pwr24 V-Ret-IO
12	×		回线	CCSDS	Pwr24 V-Ret-CCSDS
4	×		20~25	加热器	Pwr24 V-heater
13	×		回线		Pwr24 V-Ret-heater
9	×		GND	屏蔽	
15	×		GND	屏蔽	

表 11.47   J4——长边 PPS 信号连接器（公头）

引脚号	去往电源板	来自电源板	电压/信号	用途
1		×	PPS+	STR
10		×	PPS-	STR
19		×	GND	STR
2	×		PPS+0	GPS0
11	×		PPS-0	GPS0

（续）

引脚号	去往电源板	来自电源板	电压/信号	用途
20	×		GND	GPS0
4	×		PPS+1	GPS1
13	×		PPS−1	GPS1
22	×		GND	GPS1
6	×		PPS+2	GPS2
15	×		PPS−2	GPS2
24	×		GND	GPS2
3		×	PPS+0	GPS0
12		×	PPS−0	GPS0
21		×	GND	GPS0
5		×	PPS+1	GPS1
14		×	PPS−1	GPS1
23		×	GND	GPS1
7		×	PPS+2	GPS2
16		×	PPS−2	GPS2
25		×	GND	GPS2

通过外部连接器 J1（见图 11.2）线路连接到 OBC 处理器板主份。通过外部连接器 J7 线路连接到 OBC 处理器板备份。

电源板电源连接器：

- 内部命名为 J3。
- 根据 11.6 节的图，对应 J2/J8 连接器。

通过外部连接器 J2 线路连接到 OBC 处理器板主份。通过外部连接器 J8 线路连接到 OBC 处理器板备份。

电源板 PPS 信号连接器：

- 内部命名为 J4。
- 根据 11.6 节的图，对应 J3/J9 连接器。

通过外部连接器 J3 线路连接到 OBC 处理器板主份。通过外部连接器 J9 线连接到 OBC 处理器板备份。

11.10　PCDU 单元 CAD 设计图纸

如图 11.10 所示。

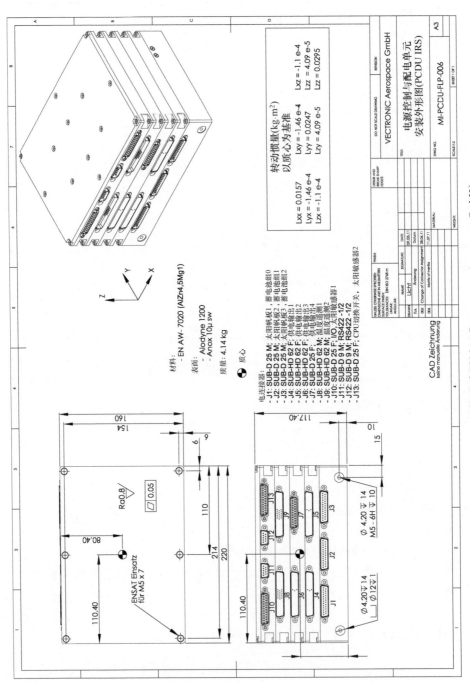

图 11.10　PCDU 结构设计图纸 （ⓒ Vectronic Aerospace GmbH）

11.11　PCDU 单元连接器引脚分配

PCDU 的连接器引脚分配是非常具体的任务，由航天器设计驱动。因此，这里仅概述了 PCDU 连接器路由提供的信号类型。仅对于连接器 J11 和 J12，根据它们的路由，下面将进一步给出详细的分配。

- 从 OBC CCSDS 板到 PCDU 的 HPC 接口线。
- OBC I/O 板和 PCDU 之间的 PCDU 命令/控制接口。

因此它们是整个 CDPI 架构中 OBC 和 PCDU 的关键接口（见表 11.48 ~ 表 11.50）。

表 11.48　连接器的列表

名称	类型	说明
J1	SUB-D 25，公头	太阳帆板 0，蓄电池组 0
J2	SUB-D 25，公头	太阳帆板 1，蓄电池组 1
J3	SUB-D 25，公头	太阳帆板 2，蓄电池组 2，EGSE 电源输入，太阳电池测试子串
J4	SUB-HD 62，母头	航天器设备电源 I
J5	SUB-HD 62，母头	航天器设备电源 II
J6	SUB-HD 62，母头	航天器设备电源 III
J7	SUB-D 25，母头	航天器设备电源 IV
J8	SUB-HD 62，公头	温度传感器输入 I
J9	SUB-HD 62，公头	温度传感器输入 II
J10	SUB-D 25，母头	展开位置传感器输入；太阳敏感器输入 I
J11	SUB-D 9，公头	普通指令和高优先级指令通信接口 I
J12	SUB-D 9，公头	普通指令和高优先级指令通信接口 II
J13	SUB-D 25，母头	太阳敏感器输入 II

表 11.49　J11（X13）Sub-D 9 针公头连接器引脚分配

引脚号	名称	信号说明
1	GND	信号接地
2	Rx1A	来自 OBC CCSDC 板 0 的 RS422 HPC 接口
3	Rx1B	来自 OBC CCSDC 板 0 的 RS422 HPC 接口
4	Tx1A	来自 OBC CCSDC 板 0 的 RS422 HPC 接口
5	Tx1B	来自 OBC CCSDC 板 0 的 RS422 HPC 接口
6	Rx0A	来自/去往 OBC I/O 板主份的 RS422 命令接口
7	Rx0B	来自/去往 OBC I/O 板主份的 RS422 命令接口
8	Tx0A	来自/去往 OBC I/O 板主份的 RS422 命令接口
9	Tx0B	来自/去往 OBC I/O 板主份的 RS422 命令接口

表 11.50   J12（X12）Sub-D 9 针公头连接器引脚分配

引脚号	名称	信号说明
1	GND	信号接地
2	Rx1A	来自 OBC CCSDS 板 1 的 RS422 HPC 接口
3	Rx1B	来自 OBC CCSDS 板 1 的 RS422 HPC 接口
4	Tx1A	来自 OBC CCSDS 板 1 的 RS422 IIPC 接口
5	Tx1B	来自 OBC CCSDS 板 1 的 RS422 HPC 接口
6	Rx0A	来自/去往 OBC I/O 板备份的 RS422 命令接口
7	Rx0B	来自/去往 OBC I/O 板备份的 RS422 命令接口
8	Tx0A	来自/去往 OBC I/O 板备份的 RS422 命令接口
9	Tx0B	来自/去往 OBC I/O 板备份的 RS422 命令接口

11.12   PCDU 熔断器和开关在航天器设备上的分配

PCDU 的设计包括总共 27 个熔断器和 77 个电源开关以及 2 个用于高功率负载的专用开关。表 11.51 概述了 FLP 卫星设备的熔断器和开关分配情况。

表 11.51   熔断器和开关寄存器说明

熔断器（SW）	开关（SW）	组成
00	00	OBC 处理器板主份
	01	
01	02	OBC 处理器板备份
	03	
02	04	OBC I/O 板主份
	05	
03	06	OBC I/O 板备份
	07	
04	08	OBC CCSDS 板主份
	09	
05	10	OBC CCSDS 板备份
	11	
06	12	TC 接收器 0
07	13	TC 接收器 1

（续）

熔断器（SW）	开关（SW）	组成
08	14	相机载荷：MICS 绿色通道
	15	载荷控制器电源通道主份
	16	载荷数据发射机主份
	17	
09	18	相机载荷：MICS 红色通道
	19	载荷控制器电源通道备份
	20	载荷数据发射机备份
	21	
10	22	相机载荷：MICS 近红外通道
	23	TM 发射机主份
	24	
	25	STR 主份
11	26	RWL 3
	27	STR 备份
	28	FOG 3
12	29	FOG 0
	30	RWL 0
13	31	FOG 1
	32	RW 1
14	33	FOG 2
	34	RW 2
15	35	MGM 0
16	36	MGM 1
17	37	相机载荷：PAMCAM
	38	MGT 单元备份
	39	GPS 电子设备 1
18	40	GPS 电子设备 0
	41	MGT 单元主份
	42	GPS 电子设备 2
19	43	激光载荷：Osiris 通道 2
	44	
	45	TM 发射机备份
	46	
20	47	激光载荷：Osiris 通道 1
	48	
	49	数据传输功率放大器备份
	50	
	51	温度保障加热器 OBC 备份+TT&C 备份（带温控器）

（续）

熔断器（SW）	开关（SW）	组成
21	52	温度保障加热器 OBC 主份+TT&C 主份（带温控器）
	53	数据传输功率放大器
	54	
22	55	卫星载荷舱加热器主份
	56	
	57	卫星核心舱加热器主份
	58	
	59	卫星服务舱加热器主份
	60	
23	61	卫星载荷舱加热器备份
	62	
	63	卫星核心舱加热器备份
	64	
	65	卫星服务舱加热器备份
	66	
24	67	太阳帆板锁紧机构主份
	68	
25	69	太阳帆板锁紧机构备份
	70	
26	71	离轨机构
	72	
	73	载荷：AIS 天线
	74	
	75	载荷：AIS 接收机
	76	

参考文献

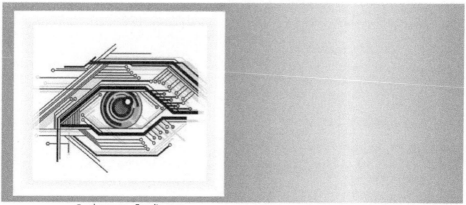
© selenamay - Fotolia.com

CDPI 系统概念参考文献

1. Leon3FT Processor: http://www.aeroflex.com/ams/pagesproduct/prods-hirel-leon.cfm

2. Stratton, Sam: Fault Tolerant LEON Processing, Devices and Circuit Cards MAPLD 2009 - Greenbelt, Maryland, August 31 - September 3, 2009

3. Aeroflex Gaisler Leon3FT IP Core: http://www.gaisler.com/cms/index.php?option= com_content&task=view&id=13&Itemid=53

4. Eickhoff, Jens; Stratton, Sam; Butz, Pius; Cook, Barry; Walker, Paul; Uryu, Alexander; Lengowski, Michael; Röser, Hans-Peter: Flight Model of the FLP Satellite OBC and Reconfiguration Unit Data Systems in Aerospace, DASIA 2012 Conference, 14–16 May, 2012, Dubrovnik, Croatia

5. Habinc, Sandi A.; Cook, Barry; Walker, Paul; Eickhoff, Jens; Witt, Rouven; Röser, Hans-Peter: Using FPGAs and a LEON3FT Processor to Build a "Flying Laptop", ReSpace/ MAPLD 2011 Conference 2011, 22–25 August 2011, Albuquerque, New Mexico, USA

6. Uryu, Alexander N.; Fritz, Michael; Eickhoff, Jens; Röser, Hans-Peter: Cost and Time Efficient Functional Verification in Hardware and Software 28th ISTS (International Symposium on Space Technology and Science), 05–20 June, 2011, Okinawa, Japan

7. Eickhoff, Jens; Cook, Barry; Walker, Paul; Habinc, Sandi A.; Witt, Rouven; Röser, Hans-Peter: Common board design for the OBC I/O unit and the OBC CCSDS unit of the Stuttgart University Satellite "Flying Laptop" Data Systems in Aerospace, DASIA 2011 Conference, 17–20 May, 2011, San Anton, Malta

8. Eickhoff, Jens; Stevenson, Dave; Habinc, Sandi; Röser Hans-Peter:University Satellite featuring latest OBC Core & Payload Data Processing Technologies, Data Systems in Aerospace, DASIA 2010 Conference, Budapest, Hungary, June, 2010

航天器工程参考文献

9. Eickhoff, Jens: Simulating Spacecraft Systems, Springer, 2009, ISBN: 978-3-642-01275-4

10. Eickhoff, Jens: Onboard Computers, Onboard Software and Satellite Operations - An Introduction, Springer, 2011, ISBN 978-3-642-25169-6

通用工程标准参考文献

11. http://www.spacewire.esa.int/content/Home/HomeIntro.php

12. ECSS-E-ST-50-12C (31 July 2008) SpaceWire - Links, nodes, routers and networks

13. ECSS-E-ST-50-51C (5 February 2010) SpaceWire protocol Identification

14. ECSS-E-ST-50-52C (5 February 2010) SpaceWire - Remote memory access protocol

15. ECSS-E-50-12C SpaceWire cabling

16. ECSS-E-ST-50C Communications

17. ECSS-E-ST-50-01C Space data links - Telemetry synchronization and channel coding

18. ECSS-E-ST-50-02C Ranging and Doppler tracking

19. ECSS-E-ST-50-03C Space data links - Telemetry Transfer Frame protocol

20. ECSS-E-ST-50-04C Space data links - Telecommand protocols, synchronization and channel coding

21. ECSS-E-ST-50-05C Radio frequency and modulation

22. ECSS-E-70-41A Ground systems and operations - Telemetry and telecommand packet utilization

23. Consultative Committee for Space Data Systems: *CCSDS Recommended Standards,* Blue Books, available online at http://public.ccsds.org/publications/BlueBooks.aspx

24. CCSDS 130.0-G-2 CCSDS layer conversions

25. CCSDS-131.0-B-1 TM Synchronization and Channel Coding

26. CCSDS-132.0-B-1 TM Space Data Link Protocol

27. CCSDS 133.0-B-1 Space Packet Protocol

28. CCSDS-133.0-B-1-C1 Encapsulation Service Technical Corrigendum 1

29. CCSDS-135.0-B-3 Space Link Identifiers

30. CCSDS-201.0 Telecommand - Part 1 - Channel Service, CCSDS 201.0-B-3, June 2000

31. CCSDS-202.0 Telecommand - Part 2 - Data Routing Service, CCSDS 202.0-B-3, June 2001

32. CCSDS-202.1 Telecommand - Part 2.1 - Command Operation Procedures, CCSDS 202.1-B-2, June 2001

33. CCSDS-203.0 Telecommand - Part 3 - Data Management Service, CCSDS 203.0-B-2, June 2001

34. CCSDS-231.0-B-2 TC Synchronization and Channel Coding

35. CCSDS 232.0-B-2 TC Space Data Link Protocol

36. CCSDS-232.1-B-2 Communications Operation Procedure-1

37. CCSDS-401.0-B Radio Frequency and Modulation Systems

38. CCSDS-732.0-B-2 AOS Space Data Link Protocol

39. ESA PSS-04-0: Space data communications

40. ESA PSS-04-103: Telemetry channel coding standard, Issue 1

41. ESA PSS-04-105: Radio frequency and modulation standard

42. ESA PSS-04-106: Packet telemetry standard, Issue 1

43. ESA PSS-04-107: Packet Telecommand Standard, Issue 2

44. ESA PSS-04-151: Telecommand Decoder Standard, Issue 1

45. ECSS-Q-ST-70-08C Manual soldering of high-reliability electrical connections

46. ECSS-Q-ST-70-26C Crimping of high-reliability electrical connections

47. ECSS-E-10-03A Space Engineering - Testing, February 2002

48. Astrium Patent Affiliation P700377-DE-NP: Multifunktionaler Kontroller für einen Satelliten Deutsches Patent- und Markenamt DPMA 10 2012 009 513.9

处理器板参考文献

49. UT699 LEON3 Datasheet: http://www.aeroflex.com/ams/pagesproduct/datasheets/leon/ut699LEON3datasheet.pdf

50. UT699 LEON3FT Functional Manual: http://www.aeroflex.com/ams/pagesproduct/datasheets/leon/UT699LEON3UserManual.pdf

51. UT8R2M39 80Megabit SRAM MCM: http://www.aeroflex.com/ams/pagesproduct/datasheets/UT8ER1M39SRAMMCM.pdf

52. FM22L16 4Mbit F-RAM Memory: http://www.ramtron.com/files/datasheets/FM22L16_ds.pdf

53. UT6325 RadTol Eclipse FPGA: http://www.aeroflex.com/ams/pagesproduct/datasheets/RadTolEclipseFPGA.pdf

54. UT54LVDS031LVE 3.3-VOLT QUAD LVDS Driver: http://www.aeroflex.com/ams/pagesproduct/datasheets/LVDSDriver3v.pdf

55. UT54LVDS032LVE 3.3-VOLT QUAD LVDS Receiver: http://www.aeroflex.com/ams/pagesproduct/datasheets/LVDSReceiver3v.pdf

56. DS16F95QMLRS-422 Transceiver: http://www.national.com/ds/DS/DS16F95QML.pdf

底层软件和操作系统参考文献

57. OAR Corporation: http://www.rtems.com
58. Aeroflex Gaisler RTEMS: http://www.aeroflex.com/gaisler

I/O 板参考文献

59. 4Links Ltd.: SpaceWire Interface Unit for Interfacing to Avionics, Payloads, and TM/TC units, User Manual for FLP IO, FM SIU B-012-PPFLPIO
60. Everspin MRAM Brochure: http://everspin.com/PDF/MSG-14349_MRAM_Sales_Bro.pdf
61. Everspin MR4A16b Data Sheet: http://everspin.com/PDF/EST_MR4A16B_prod.pdf

CCSDS 遥测/遥控编码器/解码器参考文献

62. Aeroflex Gaisler AB: CCSDS TM / TC and SpaceWire FPGA Data Sheet and User's Manual GR-TMTC-0004 July 2012, Version 1.2
63. 4Links Ltd.: SpaceWire Interface Unit for Interfacing to Avionics, Payloads, and TM/TC units, User Manual for FLP CCSDS, FM SIU B-012-PPFLPCCSDS
64. GRLIB IP Library User's Manual, Aeroflex Gaisler http://www.aeroflex.com/gaisler
65. GRLIB IP Core User's Manual, Aeroflex Gaisler http://www.aeroflex.com/gaisler
66. Spacecraft Data Handling IP Core User's Manual, Aeroflex Gaisler http://www.aeroflex.com/gaisler
67. AMBA Specification, Rev 2.0, ARM IHI 0011A, Issue A, ARM Limited
68. Radiation-Tolerant ProASIC3 Low Power Space-Flight Flash FPGAs, 51700107-1/11.09, Revision 1, November 2009, Actel Corp
69. ProASIC3L Low Power Flash FPGAs, 51700100-9/2.09, February 2009, Actel Corp
70. ProASIC3E Flash Family FPGAs, 51700098-9/8.09, August 2009, Actel Corp

OBC 电源板参考文献

71. ESA PSS-01-301: Derating Requirements applicable to Electronic, Electric and Electromechanical (EEE) Components for ESA Space Systems

OBC 内部线束参考文献

72. Manufacturing Data Package for IRS OBC internal harness HEMA Kabeltechnik GmbH & Co. KG, 2012

OBC 结构/热设计参考文献

73. Schuh: Konstruktion und Analyse eines Struktur-Thermal Modells des Onboard-Computers für den Kleinsatelliten Flying Laptop, Study Thesis, IRS, 2011
74. Ley: Handbuch der Raumfahrttechnik Hanser Verlag, 2008
75. http://www.mincoglobal.de/uploadedFiles/Products/Thermofoil_Heaters/Kapton_Heaters/hs202b-hk.pdf
76. ESCC Detail Specification No. 3702/001 SWITCHES, THERMOSTATIC, BIMETALLIC, SPST, OPENING CONTACT
77. https://escies.org/epplcomponent/show?id=3976

电源管理与配电单元参考文献

78. Gaget1-ID/160-8040 data sheet: RWE Space Solar Power GmbH, Gaget1-ID/160-8040 Data Sheet, HNR 0002160-00, 2007

79. Battery data sheet:: A123 Systems, Inc.: Nanophosphate High Power Lithium Ion Cell ANR26650M1B, MD100113-01, 2011

80. Test String data sheet: RWE Space Solar Power GmbH, RWE3G-ID2*/150-8040 Data Sheet, 2005

81. NASA radiation: PD-ED-1258: Space radiation Effects on Electronic Components in Low-Earth Orbit, April 1996, NASA - Johnson Space Center (JSC)

82. Wertz, J. R.; Larson, W. J.: Space Mission Analysis and Design, 3rd ed., Microcosm Press, 1999, ISBN 978-1881883104

83. Uryu, A. N.: Development of a Multifunctional Power Supply System and an Adapted Qualification Approach for a University Small Satellite, Dissertation, University of Stuttgart, Stuttgart, Germany, Institute of Space Systems, 2012

84. PCDU Microcontroller data sheet: RENESAS Electronics, Renesas 32-Bit RISC Microcomputer, SuperH RISC engine Family/SH7040 Series, hardware manual, Issue 6.0, 2003

85. VECTRONIC Aerospace GmbH: Interface Control Document & Operation Manual for Power Control and Distribution Unit Type VPCDU-1, Project IRS-FLP TD-VAS-PCDU-FLP-ICD16.doc Issue 6, 12.12.2011

系统测试参考文献

86. Brandt, Alexander; Kossev, Ivan; Falke, Albert; Eickhoff, Jens;Röser Hans-Peter: Preliminary System Simulation Environment of the University Micro-Satellite Flying Laptop, 6th IAA Symposium on Small Satellites for Earth Observation, German Aerospace Center (DLR), 23–26 April 2007, Berlin, Germany

87. Fritz, Michael: Hardware und Software Kompatibilitätstests für den Bordrechner eines Kleinsatelliten PhD thesis, Institute of Space Systems, 2012

88. http://www.egos.esa.int/portal/egos-web/products/MCS/SCOS2000/

FLP 卫星参考文献

89. Grillmayer, Georg: An FPGA based Attitude Control System for the Micro-Satellite Flying Laptop.PhD thesis, Institute of Space Systems, 2008

90. Zeile, Oliver: Entwicklung einer Simulationsumgebung und robuster Algorithmen für das Lage- und Orbitkontrollsystem der Kleinsatelliten Flying Laptop und PERSEUS. PhD thesis, Institute of Space Systems, 2012

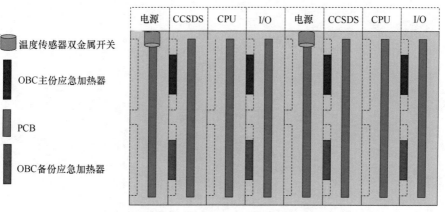

图 5.11　OBC 内部加热器的布置（©斯图加特大学 IRS）

温度传感器双金属开关

OBC主份应急加热器

PCB

OBC备份应急加热器

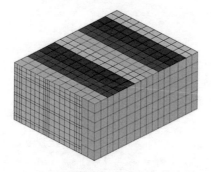

图 7.7　OBC 的热模型（©斯图加特大学 IRS）

青色—电源板框架　蓝色—CCSDS 板框架　红色—处理器板框架　黄色—I/O 板框架　绿色—线束盖

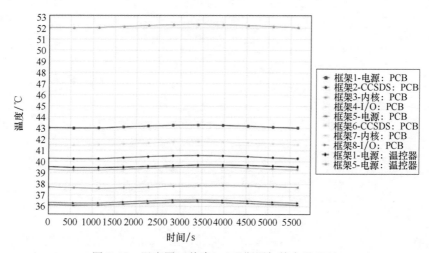

框架1-电源：PCB
框架2-CCSDS：PCB
框架3-内核：PCB
框架4-I/O：PCB
框架5-电源：PCB
框架6-CCSDS：PCB
框架7-内核：PCB
框架8-I/O：PCB
框架1-电源：温控器
框架5-电源：温控器

图 7.13　温度图（热壳）（©斯图加特大学 IRS）

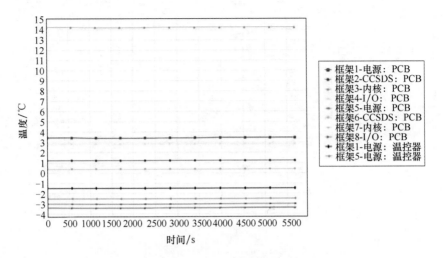

图 7.14　温度图（冷壳）（©斯图加特大学 IRS）

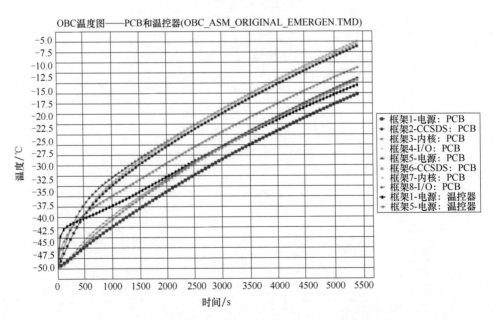

图 7.19　OBC 加热，所有加热器启动，电池电压为 25V（©斯图加特大学 IRS）

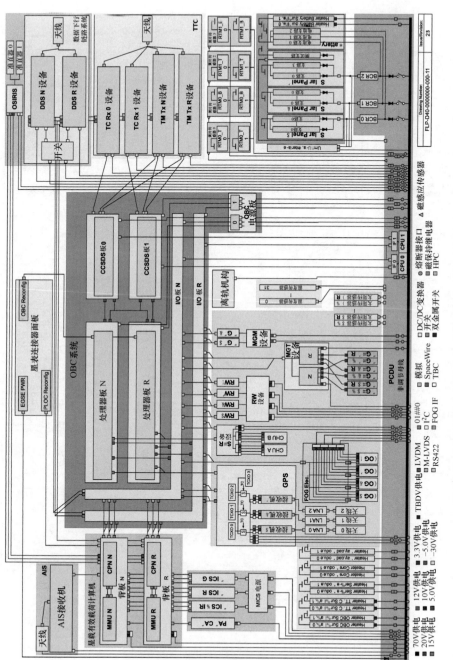

图 10.5 FLP 卫星电气结构与功能框图（©斯图加特大学 IRS）

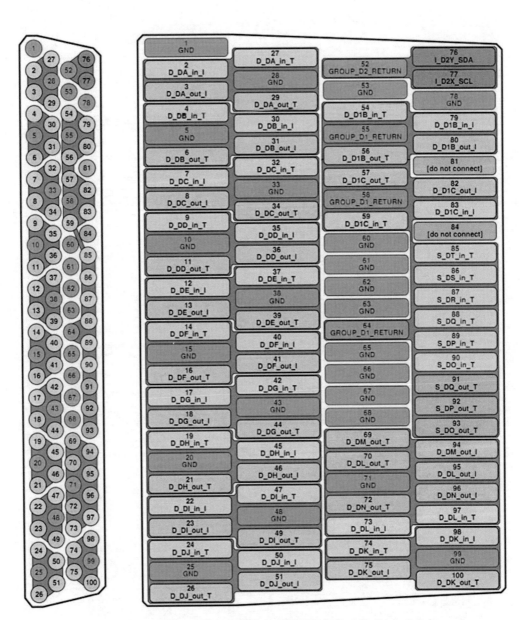

图 11.5　FLP 卫星 I/O 板连接器 D 通用引脚分配 (© 4Links Ltd.)

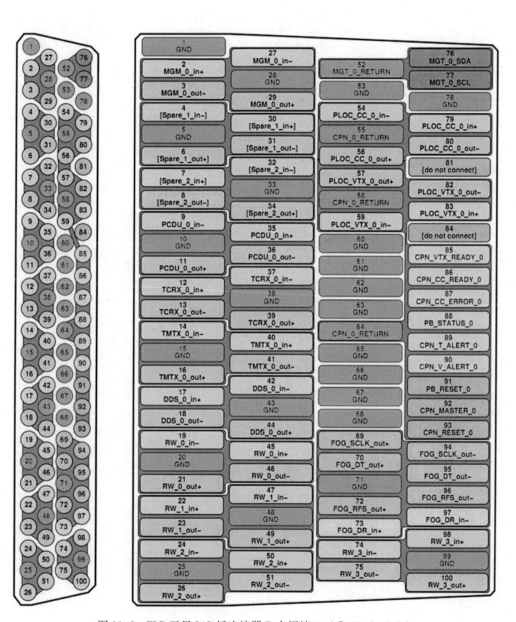

图 11.6　FLP 卫星 I/O 板连接器 D 专用接口 （© 4Links Ltd.）

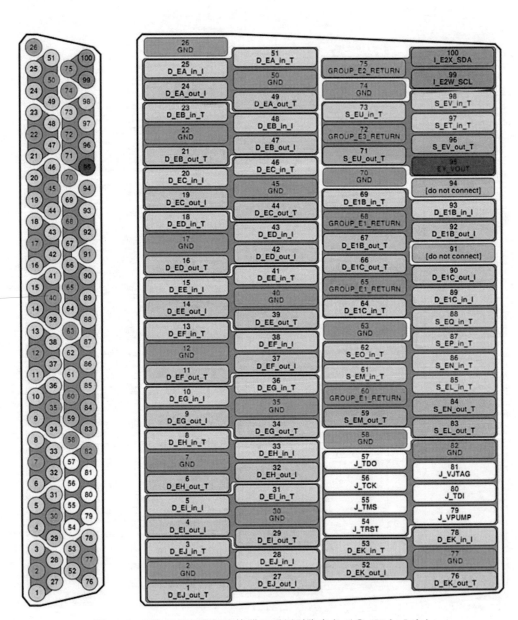

图 11.7　FLP 卫星 I/O 板连接器 E 通用引脚定义（© 4Links Ltd.）

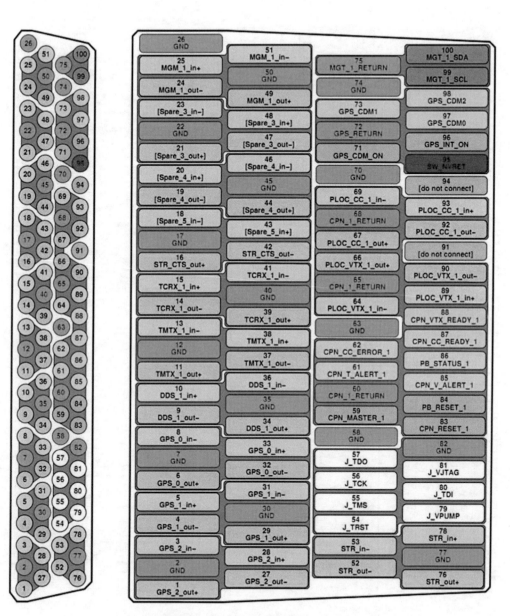

图 11.8　FLP 卫星 I/O 板连接器 E 专用接口（© 4Links Ltd.）

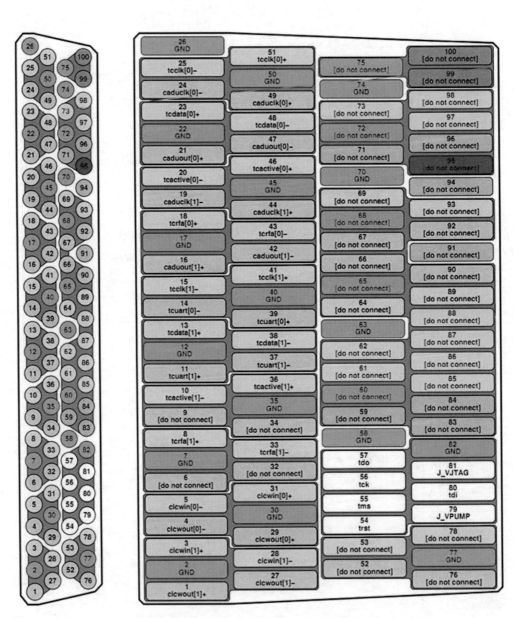

图 11.9　CCSDS 板连接器 E 引脚分配 （© 4Links Ltd.）